Yamaha FZ 750

Ein Wort zuvor

Hohe YAMAHA-Menschen sprachen es bei der Vorstellung der FZ 750 anno 1984: «Für die nächsten zehn Jahre» solle dieses *Konzept* Gültigkeit haben – und so geschah's.
Anfangs noch mit 16 Zoll-Vorderrad und vorn Zweikolben-Bremssätteln, bequem einstellbarem Federbein, Hauptständer und 4in2-Auspuffanlage, war die FZ für 12 788 Mark ein absolut heisses Angebot.
Geboten sind verschleissarme Fünfventil-Technik (Ventilspiel-Kontrolle alle 42000 km!), ein schnörkelloser, offen bauender Rechteck-Stahlrohrrahmen und menschenwürdige Sitzposition (da tut sich so mancher GSX-R-Fahrer schwer was an).
Aber die wenig reisserische Aufmachung, die auch nicht immer von Stilsicherheit zeugte, war schlussendlich auch Grund dafür, dass die 750er FZ verkaufsmässig nicht gerade Mainstream war.
1994 stehen die letzten dieser heimlichen Juwele für offiziell 15 150 Mark beim YAMAHA-Händler, und zwar technisch aufgepeppt. Da wären 17 Zoll-Vorderrad mit Vierkolben-Bremssätteln und 4in1-Auspuffanlage auf der Haben-Seite – und fehlender Hauptständer beim Soll.
Dennoch hat nicht nur dieses Konzept diese zehn Jahre überdauert (das Konzept ist uns in der YZF noch lange erhalten), sondern beinahe das ganze Motorrad.

In eigener Sache: Dieser Band kann keine dreijährige Motorradmechaniker-Lehre ersetzen, setzt aber geübten Umgang mit Werkzeug und Materie voraus. Einzelne Arbeitsgänge, zu deren Durchführung Sonderwerkzeuge und umfangreicher Maschinenpark (spezielle Dorne, Hülsen und Pressen) benötigt werden, die Hobbymechaniker-Verhältnisse übersteigen, werden zur Durchführung der YAMAHA-Werkstatt empfohlen.
Um sich und andere nicht zu gefährden, sind Arbeiten an der Bremsanlage ebenfalls versierten Fachkräften vorbehalten.

1 Werkzeug

Das mit der Maschine gelieferte Bordwerkzeug können wir für umfangreichere Wartungsarbeiten oder gar Motorüberholungen vergessen. Also muss passendes Qualitätswerkzeug selbst besorgt werden, mit dem der Freizeit-Mechaniker seine Maschine mit Spass bei der Arbeit in Schuss halten kann. Hier eine Aufstellung von Werkzeugen, über die der engagierte Hobby-Mechaniker verfügen sollte:

1 Gabelschlüssel
(kompletter Satz ab 6/7 bis 30/32)
2 Ringschlüssel
(abgekröpft, kompletter Satz ab 6/7)
3 Steckschlüssel
(kompletter Satz ab 8/9 bis 20/22 und SW 30, 32, 36!)
4 Innensechskantschlüssel
(kompletter Satz 2-8 mm, abgewinkelt)
5 Schraubendreher für Schlitzschrauben
(ein kompletter Satz)
6 Schraubendreher für Kreuzschlitzschrauben
(ein kompletter Satz)
7 Schlosserhämmer
(200 g, 500 g, 1000 g)
8 Meissel
(ein Satz = Meissel, Durchtreiber, Körner)
9 Stroboskoplampe
(Zündungskontrolle)
10 Feilen und Ölstein
(je ein Satz)
11 Flachschaber
(verschiedene Klingenbreiten, im Durchschnitt 23 mm)
12 Dreikant-Schaber
13 Zangen
(Kombi-, Wasserpumpen-, kleine Flachspitz, Rundspitz-, Innen- und Aussenseegerring- und Grip-Zange)
14 Isolierter Seitenschneider
15 Schlagschraubendreher
(mit Schlitz- und Kreuzschlitz-Einsätzen)
16 Knarre
(komplett mit allen Einsätzen)
17 Drehmomentschlüssel
(5-60 Nm/60-300 Nm, dazu alle nötigen Werkzeuge und Nüsse)
18 Gewindeschneid-Ausrüstung
(komplett mit Lehre und Schneider)
19 Helicoil-Ausrüstung
20 Elektrische Bohrmaschine
(komplett mit Ausrüstung, inklusive Ständer)
21 Schraubstock
22 Werkbank

Das *könnte* genügen, aber der sichere Mann treibt die Freude noch weiter und gönnt sich noch andere gute Sachen.

23 Verschiedene Abzieher, von denen der wichtigste ein einfacher zweiarmiger ist
24 Lötlampe mit verschiedener Ausrüstung
25 Elektrische Heizplatte (ca. 25 cm Durchmesser)
26 Schiebelehre (Messschieber) und Messuhr
(letztere komplett mit Halter)
27 Schraubzwingen zum Festhalten von Teilen
28 Ventilfeder-Spanner
29 Kolbenring-Spannzange
30 Lötkolben
(verschiedene Grössen –30, 80, 150 Watt)
31 Für die Elektrik: Prüflampe, Ohm-Meter, Volt-Meter, Säureprüfer

Dermassen ausgerüstet, bereitet es auch keine Schwierigkeiten, sich aus den Beständen des nächstgelegenen Schrotthändlers Abzieher, Abdrücker oder Spezialdorne und -halter zu konstruieren. Nützlich ist in dem Fall auch noch ein Schleifbock. Eine Motorradhebebühne stellt ebenfalls eine nicht zu unterschätzende Arbeitserleichterung dar. Auf die Reifenmontage wird hier nicht eingegangen, da der Reifenhändler erstens die Räder ihrer FZ 750 schonender behandelt, als dies bei einem Reifenwechsel in Eigenregie vonstatten geht, und er zweitens auch für die richtige Auswuchtung (dynamisch) zuständig ist.

2 Störungssuche

Keine Klagen über die Zuverlässigkeit der FZ 750-YAMAHAs! Störungen sind bei richtiger Pflege nicht zu erwarten, kommen aber natürlich dennoch gelegentlich vor. Die folgende Liste soll helfen, Fehler zu lokalisieren.

2.1 Schmiersystem

2.1.1 Ölstand zu niedrig, hoher Ölverbrauch

- Öl läuft aus
- Dichtungen lassen durch
- Kolbenringe verschlissen
- Ventilführungen abgenutzt

2.1.2 Öl verschmutzt

- Öl oder Ölfilter nicht rechtzeitig gewechselt
- Zylinderkopfdichtung schadhaft
- Kolbenringe verschlissen

2.1.3 Öldruck zu niedrig

- Ölstand zu niedrig
- Überdruckventil geöffnet oder festgeklemmt
- Ölpumpe verschlissen
- Öl läuft aus

2.1.4 Öldruck zu hoch

- Überdruckventil geschlossen oder festgeklemmt
- Ölfilter verstopft
- Öltunnel verstopft
- Falsche Ölviskosität

2.1.5 Kein Öldruck

- Ölstand zu niedrig
- Ölpumpe defekt
- InternesÖlleck

2.2 Kraftstoffsystem

2.2.1 Motor wird durchgedreht, springt aber nicht an

- Kein Kraftstoff im Tank
- Kraftstoff gelangt nicht zum Vergaser
- Motor mit Kraftstoff überflutet (»abgesoffen»)
- Kein Funke an den Zündkerzen
- Kraftstoff-Filter verstopft
- Luftfilter zugesetzt
- Ansaugen von Nebenluft
- Falsche Choke-Betätigung
- Falsche Gasdrehgriff-Betätigung

2.2.2 Motor springt schlecht an oder geht sofort wieder aus

- Falsche Choke-Betätigung
- Versagen der Zündanlage
- Vergaser defekt
- Kraftstoff verschmutzt
- Ansaugen von Nebenluft
- Leerlaufdrehzahl falsch eingestellt

2.2.3 Unruhiger Leerlauf

- Zündsystem defekt
- Leerlaufdrehzahl falsch eingestellt
- Vergaser nicht synchronisiert
- Vergaser-Einheit defekt
- Kraftstoff verschmutzt

2.2.4 Zündaussetzer beim Beschleunigen

- Zündsystem defekt
- Falscher Elektroden-Abstand der Zündkerzen

2.2.5 Fehlzündungen

- Zündsystem defekt
- Vergaser-Einheit oder Vergaser defekt
- Falscher Elektroden-Abstand der Zündkerzen

- Vergaser-Einheit zieht Neben- (Falsch-) Luft

2.2.6 Schlechte Leistung und hoher Verbrauch

- Kraftstoffsystem verstopft
- Zündsystem defekt
- Luftfilter verschmutzt

2.2.7 Zu mageres Gemisch

- Düsen verstopft
- Tank-Belüftung verstopft, Belüftungs-Schlauch eingeklemmt
- Kraftstoffschlauch eingeklemmt
- Ansaugen von Nebenluft

2.2.8 Zu fettes Gemisch

- Choke bei warmem Motor betätigt
- Luftfilter verschmutzt

2.3 Zylinderkopf, Ventile, Zylinder

2.3.1 Zu niedrige oder ungleichmässige Kompression

- Ventile falsch eingestellt
- Ventile verbrannt oder verbogen
- Falsche Ventilsteuerzeiten
- Ventilfeder gebrochen
- Zylinderkopfdichtung bläst durch
- Zylinderkopf verzogen
- Zylinderkopf gerissen
- Zylinder verschlissen
- Kolbenringe verschlissen

2.3.2 Zu hohe Kompression

- Übermässige Ölkohlebildung im Brennraum

2.3.3 Starke Geräuschentwicklung

- Ventile falsch eingestellt
- Klemmendes Ventil oder gebrochene Ventilfeder
- Steuerkette zu locker oder verschlissen
- Steuerkettenspanner verschlissen oder beschädigt
- Kolben verschlissen
- Zylinder verschlissen
- Übermässige Ölkohlebildung im Brennraum

2.3.4 Starke Rauchentwicklung

- Zylinder oder Kolben verschlissen
- Kolbenringe falsch montiert / gebrochen
- Kolben oder Zylinderwand mit Riefen oder Schrammen

2.3.5 Überhitzen

- Übermässige Ölkohlebildung im Brennraum

2.4 Kupplung, Schaltgestänge, Getriebe

2.4.1 Kupplung rutscht beim Beschleunigen

- Kein Spiel in der Betätigung
- Feder erlahmt oder zu schwach
- Kupplungsbeläge verschlissen

2.4.2 Kupplung rückt nicht aus

- Zuviel Spiel in der Betätigung
- Scheibe verzogen
- Druckmechanismus defekt
- Luft im Hydrauliksystem

2.4.3 Kupplung rupft

- Antriebswelle falsch ausdistanziert

2.4.4 Übermässig starker Hebeldruck

- Kupplungszug falsch verlegt, beschädigt oder verschmutzt
- Druckmechanismus beschädigt

2.4.5 Getriebe schwer schaltbar

- Falsche Kupplungseinstellung, zuviel Spiel in der Betätigung
- Schaltgabeln verbogen
- Schaltwelle verbogen
- Schaltwalze beschädigt

2.4.6 Gänge springen heraus

- Schaltklauen verschlissen oder verbogen
- Schaltwelle verbogen
- Schaltwalzen-Anschlag defekt

2.5 Kurbelgehäuse, Kurbelwelle

2.5.1 Übermässig starkes Geräusch

- Kurbelwellenhauptlagerzapfen oder Lager verschlissen (Rumpeln)
- Pleuellager verschlissen (Klopfen)

2.6 Vorderbau

2.6.1 Lenkung schwergängig

- Lenksäulenmutter zu fest angezogen
- Lenkkopflager beschädigt oder defekt
- Reifenluftdruck zu niedrig

2.6.2 Motorrad zieht nach einer Seite

- Gabelbeine falsch mit Öl befüllt
- Standrohr verbogen
- Vorderachse verbogen
- Rad falsch eingebaut

2.6.3 Vorderrad flattert

- Rad verzogen
- Vorderradlager ausgeschlagen
- Reifen falsch montiert
- Reifen defekt
- Reifen unwuchtig
- Achsmutter nicht genügend angezogen

2.6.4 Federung zu weich

- Gabelfedern ermüdet
- Zu wenig Gabelöl
- Falsche Gabelöl-Viskosität

2.6.5 Federung zu hart

- Zu viel Gabelöl
- Falsche Gabelöl-Viskosität

2.6.6 Geräusche beim Einfedern

- Gleitrohr abgenutzt
- Führungsbuchsen abgenutzt
- Zu wenig Gabelöl
- Vorderradgabel-Befestigungsteile lose

2.7 Vorderradbremse

2.7.1 Schlechte Bremsleistung

- Luft im Hydrauliksystem
- Abgenutzte Bremsklötze
- Bremsklötze verschmutzt oder verglast
- Hydrauliksystem undicht

2.7.2 Handbremse rubbelt

- Bremsscheibe mit unzulässig hohem Schlag

2.7.3 Schlechte Bremsleistung

- Luft in der Bremsleitung
- Bremsbeläge abgefahren, verglast

2.7.4 Nachlassende Bremswirkung unter starker Belastung

- Bremsflüssigkeit überaltert

2.8 Hinterrad, Bremse, Aufhängung

2.8.1 Trommeln oder seitliches Flattern des Rades

- Rad verzogen
- Radlager lose
- Reifen falsch montiert
- Reifen defekt oder unwuchtig
- Rad nicht festgezogen
- Schwingen-Lagerung zu viel Spiel / defekt

2.8.2 Bremshebel wippt

- Bremstrommel unrund
- Bremsbacken (oben / unten) falsch montiert

2.8.3 Federung zu weich

- Federn ermüdet
- Stossdämpfer falsch eingestellt oder defekt

2.8.4 Geräusche beim Einfedern

- Stossdämpfergehäuse klemmt
- Befestigungsteile lose

- Schwingenlagerung verschlissen

2.8.5 Schlechte Bremsleistung

- Bremsbeläge verölt, verglast oder abgefahren

2.9 Batterie, Batterieaufladung

2.9.1 Kein Strom bei eingeschalteter Zündung

- Batterie leer
- Zu niedriger Säurestand
- Zu geringe spezifische Dichte
- Störung im Ladekreis
- Batteriekabel abgetrennt
- Hauptsicherung durchgebrannt
- Zündschalter defekt

2.9.2 Schwacher Strom bei eingeschalteter Zündung

- Batterie nicht aufgeladen
- Zu niedriger Säurestand
- Zu geringe spezifische Dichte
- Störung im Ladesystem
- Batterieanschluss lose

2.9.3 Schwacher Strom bei laufendem Motor

- Batterie nicht ausreichend geladen
- Zu niedriger Säurestand
- Eine oder mehrere tote Zellen
- Störung im Ladekreis

2.9.4 Zeitweilig aussetzender Strom

- Lose Kabelanschlüsse (Wackelkontakte)
- Kurzschluss in der Anlage

2.9.5 Störung im Ladekreis

- Kabel oder Anschluss lose, gerissen oder kurzgeschlossen
- Regler defekt
- Generator defekt

2.10 Zündsystem

2.10.1 Motor wird durchgedreht und springt nicht an

- Kein Funke an den Zündkerzen
- Zündgeber-Einheit defekt
- Kabel zwischen Zündkerzen oder Zündgeber und Zündspule ungenügend angeschlossen, gerissen oder kurzgeschlossen

2.10.2 Kein Funke an den Zündkerzen

- Kurzschlussschalter auf Off
- Kabel schlecht angeschlossen, gerissen oder kurzgeschlossen zwischen Generator und Zündspule, Zündgeber-Einheit und Kurzschluss-Schalter, Zündgeber-Einheit und Zündspule, Zündgeber-Einheit und Zündschloss oder zwischen Zündspule und Zündkerze
- Zündschloss defekt
- Zündspule defekt
- Zündgeber-Einheit defekt

2.10.3 Motor springt an, läuft aber stotternd oder dreht nicht hoch

- Defekt im Primärzündstromkreis
- Zündspule defekt
- Loses oder blankes Kabel
- Wackelkontakt oder loses Kabel in einem Schalter
- Defekt im Sekundärzündstromkreis
- Zündkerze defekt
- Hochspannungskabel defekt
- Falscher Zündzeitpunkt
- Zündgeber-Einheit defekt
- Defekt im Kraftstoffsystem

2.11 Starter

2.11.1 Startermotor dreht sich nicht

- Batterie entladen
- Zündschalter/Startknopf defekt
- Leerlaufschalter defekt
- Starter-Relaisschalter defekt
- Kabel lose oder abgetrennt

2.11.2 Startermotor dreht den Motor nur langsam durch

- Zu schwache Batterie
- Hoher Widerstand im Schaltkreis
- Startermotor klemmt, defekt

2.11.3 Startermotor läuft, ohne den Motor durchzudrehen

- Magnetschalter defekt
- Zahnräder des Startermotors defekt
- Zwischenzahnrad defekt

3 Wartung

- ⚠ – Wenn besondere Vorsicht angezeigt ist
- TIP – Wenn ein Fingerzeig gegeben wird
- – wenn Inaugenscheinnahme erforderlich ist
- – wenn genaues Messen erforderlich ist

Wer lange Freude am zuverlässigen Funktionieren seiner Maschine haben will, kommt um regelmässige Wartungsarbeiten nicht herum. Die 750er FZ ist jedoch einfach im Grundaufbau, so dass die Pflegedienste keinen grossen Werkzeug- und Zeitaufwand erfordern. Allerdings erfordert das Korrigieren des Ventilspiels den Ausbau der Nockenwellen. Wobei die Ventilspiel-Wartungsintervalle mit 42000 Kilometern erfreulich weit gesteckt sind.

3.1 Wartungsintervalle

Benennung	Bemerkungen	Nach Kauf 1000	ALLE	
			6000 km oder 6 Monate	12000 km oder 12 Monate
Ventil	Ventilspiel prüfen. Abstimmen wenn erforderlich	○		○
Zündkerzen	Zustand prüfen. Gegebenenfalls reinigen oder erneuern	○	○	○
Luftfilter	Reinigen, Erneuern, wenn erforderlich		○	○
Vergaser	Leerlaufdrehzahl Synchronisierung Starterklappenfunktion prüfen. Gegebenenfalls einstellen	○	○	○
Kraftstoffleitung	Kraftstoffschlauch und Saugleitung auf Risse und Beschädigung prüfen. Erneuern, wenn erforderlich		○	○
Kraftstoffilter	Zustand prüfen. Alle 30000 km erforderlich			○
Motoröl	Auswechseln (vor dem Ablassen Motor anwärmen)	○	○	○
Motorölfilter	Auswechseln	○		○
Bremse	Betrieb und auf Bremsflüssigkeitsverlust prüfen. Wenn erforderlich, berichtigen.		○	○
Kupplung	Betrieb und auf Bremsflüssigkeitsverlust prüfen. Gegebenenfalls berichtigen.		○	○
Schwingenlager	Lageraufbau auf Lockerheit prüfen. Gegebenenfalls berichtigen. Alle 24000 km oder 24 Monate geringfügig erneut abdichten.***			○

Benennung	Bemerkungen	Nach Kauf 1000	ALLE 6000 km oder 6 Monate	ALLE 12000 km oder 12 Monate
Gelenkzapfen der hinteren Aufhängung	Betrieb prüfen. Alle 24 000 (16 000) km oder 24 Monate leicht einfetten.***			o
Räder	Balance sowie auf Beschädigung und Abnutzung prüfen. Gegebenenfalls reparieren		o	o
Radlager	Lageraufbau auf Lockerheit/Beschädigung prüfen. Bei Beschädigung auswechseln.		o	o
Lenklager	Lageraufbau auf Lockerheit prüfen. Gegebenenfalls berichtigen. Alle 24 000 km oder 24 Monate geringfügig erneut abdichten.**	o		o
Vordergabel	Funktion sowie auf Ölverlust prüfen. Notfalls reparieren		o	o
Stossdämpfer	Funktion sowie auf Ölverlust prüfen. Notfalls reparieren		o	o
Kühlanlage	Auf Kühlmittelaustritt prüfen. Gegebenenfalls reparieren. Kühlmittel alle 24 000 km oder 24 Monate erneuern		o	o
Antriebskette	Kettendurchhang/Ausrichtung prüfen. Gegebenenfalls berichtigen		alle 500 km	
Befestigungselemente	Alle Befestigungen und Anbringungen des Chassis prüfen. Gegebenenfalls berichtigen.	o	o	o
Haupt- und Seitenständer	Funktion. Gegebenenfalls reparieren	o	o	o
Batterie	Elektrolytschwere auf vorgeschriebenen Wert prüfen. Entlüftungsleitung auf Funktion prüfen. Gegebenenfalls berichtigen.		o	o
Generator	Bürsten auf Abnutzung und Beschädigung kontrollieren und gegebenenfalls erneuern.			o

Die Wartungsintervalle 3.1 müssen bei normaler Fahrweise nicht sklavisch eingehalten werden. Während einer Urlaubsfahrt kann die fällige Inspektion auch einmal um 500 Kilometer hinausgeschoben werden.
Anders sieht es bei häufigem Kurzstreckenverkehr oder bei dauernden Regenfahrten aus. Eine Fahrerin oder ein Fahrer mit Durchblick werden erkennen, ob sie ihre Maschine erschwerten Bedingungen aussetzen und die höher beanspruchten Baugruppen deshalb vorzeitig überprüfen.

Auch bei Wartungsarbeiten gilt: Ohne gutes Werkzeug in den benötigten Grössen fängt man mit dem Schrauben gar nicht erst an. Arbeiten an der hydraulischen Scheibenbremse sollten allerdings aus Sicherheitsgründen nur bei entsprechenden Vorkenntnissen selbst durchgeführt werden, ansonsten ist das Motorrad in einer Fachwerkstatt besser aufgehoben.

● Bilder 1 und 2 zeigen Seitenansichten der Maschine, die letzte Unklarheiten darüber ausräumen, wo sich was befindet.

Bild 1
Seitenansicht von rechts
1 Kupplung
2 Pickup
3 Zündspule
4 Blinkgeber
5 Kühlmittel-Thermostat
6 Kraftstoff-Filter
7 Kraftstoff-Pumpe
8 Bremsflüssigkeitsbehälter der Hinterbremse

Bild 2
Seitenansicht von links
1 Kühlmittel-Ausgleichsbehälter
2 Zündbox
3 Starter
4 Generator
5 Luftfilter
6 Kühler
7 Ölfilter

3.2 Sitzbank-, Tank- und Verkleidungs-Ausbau

● ⚠ Ausbau dieser Teile ist nicht grundsätzliche Voraussetzung zu jeder Wartungsarbeit. Die betreffenden Abschnitte enthalten einen Verweis auf dieses Kapitel.

● Sitzbank entriegeln; nach hinten abnehmen.

● Seitenteile links und rechts losschrauben (Bild 3) und Stopfen aus Gummiaugen herausziehen.

● Links Stecker für Kraftstoffstandgeber trennen (Bild 4) und von rechts Kraftstoffhahn mit Schlitzschraubendreher schliessen (Bild 5; Stellung OFF).

● Entlüftungsschlauch vom Tank abziehen und hintere Tankbefestigung ausdrehen (Bild 6).

● Vordere Tankbefestigung links und rechts ausdrehen (Bild 7).

● Kraftstoffschlauch ⑤ Bild 8 vom Filter abnehmen.

Bild 3
Hintere Seitenverkleidung lösen

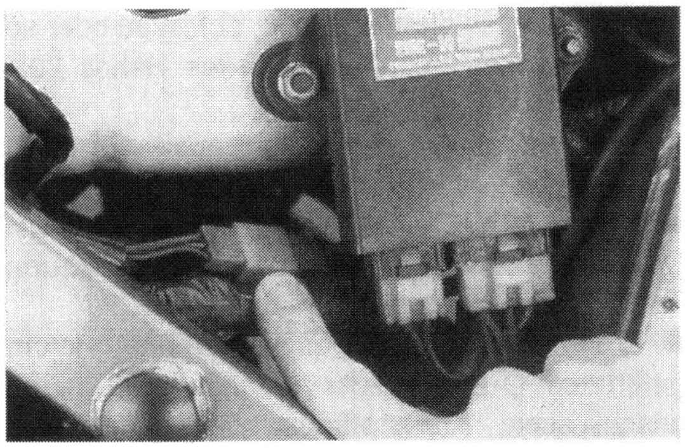

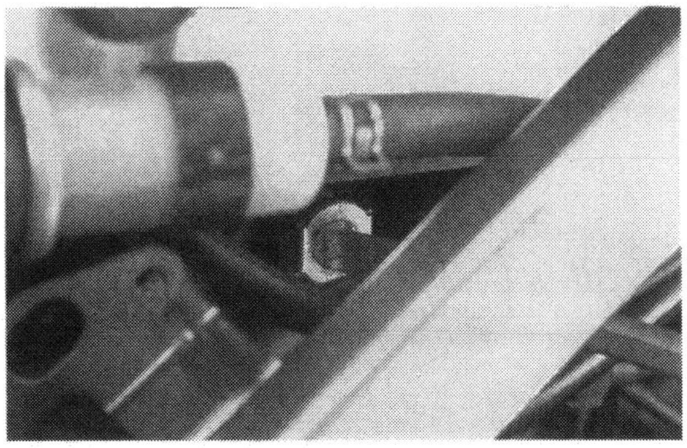

◄ Bild 4
Stecker des Kraftstoffstandgebers lösen

Bild 5
Kraftstoffhahn schliessen

◄ Bild 6
Befestigungsschraube des Kraftstofftanks lösen

Bild 7
Befestigungsschraube des Kraftstofftanks lösen

- Tank abnehmen.
- Tank in umgekehrter Reihenfolge montieren. Auf sauberen Sitz der Schlauchschellen achten. Kraftstoffhahn öffnen und Schlauch-Verbindungen auf Dichtheit kontrollieren. Siehe auch Kapitel 3.4.
- Seitenteil wieder anbringen. Zur Einbauerleichterung Gummiaugen leicht einfetten.
- Sitzbank vorn in Lasche einführen und hinten in Verriegelung drücken.
- Bugverkleidung (nur neuere Ausführungen) nach Ausdrehen der Schrauben Bild 9 abnehmen.
- Befestigungsschrauben der Lampenverkleidung an Auslegern ausdrehen (Bild 10). Blinkerstecker trennen und Muttern (Bild 11) ausdrehen. Verkleidung nach vorn abnehmen.

Bild 8
Kraftstoffsystem
1 Kraftstoffpumpe
2 Befestigungsschrauben der Kraftstoffpumpe
3 Kühlmittelausgleich-Schlauch
4 Kraftstoffschlauch zu den Vergasern
5 Kraftstoffschlauch vom Tank
6 Kraftstoff-Filter

3.3 Kraftstoff-Filter

Wenn die brave FZ 750 plötzlich unsauber am Gas hängt oder bei höheren Drehzahlen aussetzt, kann das am zugesetzten Kraftstoff-Filter ⑥ Bild 8 liegen. Im Tankinneren abgeplatzte Lackpartikelchen oder Verunreinigungen im Sprit sammeln sich im feinen Geflecht. Im Regelfall Filter ⑥ Bild 8 alle 30 000 km wechseln; bei ungünstigen Kraftstoffverhältnissen alle 15 000 km wechseln.

- Beim Einbau auf richtige Einbaurichtung achten (Bild 8).
- Um Filtersieb am Kraftstoffhahn zu reinigen,

Bild 9
Befestigungsschrauben der vorderen Seitenverkleidung

Bild 10
Verkleidungsschrauben der Spiegelbefestigung lösen

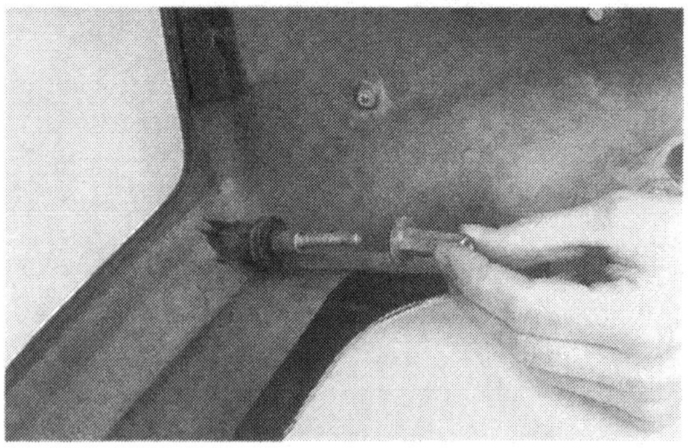

Bild 11
Spezialmuttern der Lampenverkleidung lösen

Bild 12
Befestigungsschrauben des Kraftstoffhahns ausdrehen

Bild 13
Befestigungsschraube des Luftfilterdeckels ausdrehen

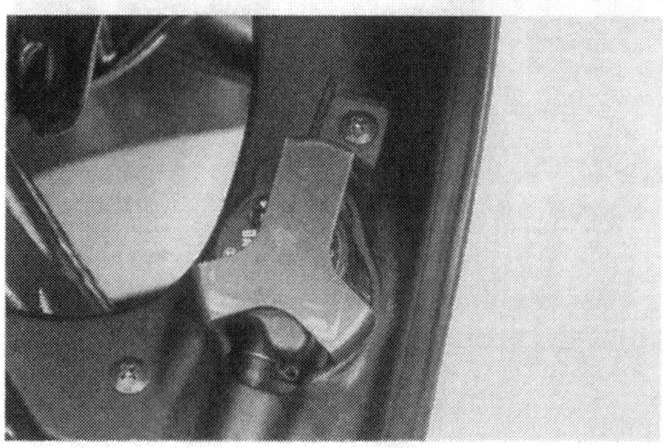

Bild 14
Kühlerdeckel-Abdeckung abnehmen

Kraftstoff in geeignetes Gefäss ablassen oder so plazieren, dass beim Ausbau des Hahns kein Kraftstoff auslaufen kann.

- Zwei Befestigungsschrauben ausdrehen (Bild 12) und Hahn vom Tank abnehmen.
- Filtersieb mit Pinsel auswaschen oder mit Druckluft ausblasen. Bei starker Verschmutzung Tank mit Lösungsmittel ausschwenken.
- Kraftstoffhahn mit einwandfreiem, leicht gefettetem O-Ring wieder anbringen. Schläuche anschliessen, Kraftstoffhahn öffnen und auf Dichtheit kontrollieren.

3.4 Kraftstoff-Leitungen

Kraftstoffschläuche haben die unangenehme Eigenschaft, im Laufe der Zeit zu verhärten und dann einzureissen. Die Schläuche lassen sich jedoch bei gelegentlicher Verkleidungs- und Tankdemontage auf Beschädigung oder Undichtheit kontrollieren.

- TIP Im Zweifelsfall einen angefressenen Schlauch lieber auswechseln, denn das Gummiröhrchen platzt garantiert während der nächsten Nachtfahrt auf der Autobahn.

3.5 Luftfilter

Die Luftfilterreinigung steht laut Wartungsplan alle 6000 Kilometer an. Filter bei Beschädigung oder alle 18 000 Kilometer erneuern.

- Tank abbauen (Kapitel 3.2) und Ansaugluftschacht abnehmen (Bild 13).
- Filterelement entnehmen und mit Druckluft **von aussen nach innen** durchblasen und ausklopfen.
- Filterelement in umgekehrter Reihenfolge montieren. Auf sauberen Sitz im Gehäuse achten.

3.6 Ventilspiel und Kühlflüssigkeit

Ein gewisses Spiel zwischen Nocken, Tassenstössel und Ventil ist nötig, damit die Ventile den Brennraum bei allen Betriebstemperaturen dicht abschliessen. Das Ventilspiel wird mittels unterschiedlich dicker Einstellplättchen, die unter die Tassenstössel eingelegt werden, eingestellt. Zum Wechseln der Einstellplättchen müssen Nockenwellen und Tassenstössel ausgebaut werden.

- Ventilspiel alle 42 000 km kontrollieren und gegebenenfalls einstellen.
- Kühlflüssigkeit alle 24 000 km oder zwei Jahre wechseln. Falls nur Kühlflüssigkeit gewechselt werden soll (ohne Ventilspielkontrolle) Kühler natürlich nicht abbauen!
- ⚠ Ventilspiel bei kaltem Motor (unter 35°C / handwarm) kontrollieren und einstellen!
- ⚠ Kühlerdeckel nur bei kaltem Motor (unter 35°C / handwarm) öffnen (Verbrühgefahr)!
- Verkleidungsteile (Bild 9) links und rechts ausbauen.
- Kühlerdeckel-Abdeckung abnehmen (Bild 14). Auffanggefäss unter Kühlmittelpumpe stellen und Ablassschraube (Bild 15) ausdrehen. Deckel vorsichtig öffnen und so Abfluss der Kühlflüssigkeit regulieren. Zum vollständigen Wechsel des Kühlmittels auch Ablassschrauben am Zylinderblock links und rechts ausdrehen (Bild 16).
- Kühlerbefestigungsschrauben (Bild 17) links und rechts ausdrehen. Kühlerschlauchschellen lockern und Schläuche von Kühlerstutzen abziehen.
- Luftleitstück abnehmen und Stecker des Lüftermotors ① Bild 18 trennen. Kühler abnehmen.
- Die Zylinderkopfdeckelschrauben (Bild 18) schrittweise über Kreuz (von aussen nach innen) ausdrehen und Deckel abnehmen.
- Links Kurbelwellendeckel und Zündkontrolldeckel (Bild 19) abnehmen.
- M8-Schraube mit breiter Unterlagscheibe und Gegenmutter in linken Kurbelstumpf eindrehen und Gegenmutter anziehen. Kurbelwelle gegen Uhrzeigersinn auf Kompressions-Totpunkt (Strich mit «T») des Zylinders Nr. 1 (erster Zylinder von links) drehen (Bild 20).
- ⚠ Kolben steht nur jede zweite Umdrehung im Kompressions-OT!
- ⚠ Kolben steht im Verbrennungs- oder Kompressions-OT, wenn an **allen** Ventilen des betreffenden Zylinders Spiel spürbar ist (Nocken weisen weg vom Tassenstössel und Tassenstössel ist frei drehbar).
- Mit Fühlerlehre Spiel zwischen Nocken und Tassenstössel «erfühlen» (Bild 21; Fühlerlehrenblatt muss satt passen).

Sollwert:
Einlass: 0,11 – 0,20 mm
Auslass: 0,21 – 0,30 mm

- Falls Ventilspiel nicht korrekt, d.h. kein fester Schiebesitz spürbar, Ventil und dazugehörigen Messwert notieren. Nach Messung der übrigen Zylinder, Nockenwellen ausbauen und mittels entsprechend dickerem oder dünnerem Einstellplättchen Spiel auf Sollwert bringen.
- ⚠ Reihenfolge der Ventilspielmessung: Zylinder Nr. 2, Nr. 4, dann Nr. 3.
- Zur **Ventilspielmessung des Zylinders Nr. 2**

Bild 15
Kühlmittelablassschraube ausdrehen

Bild 16
Kühlmittelablassschraube am Zylinderblock

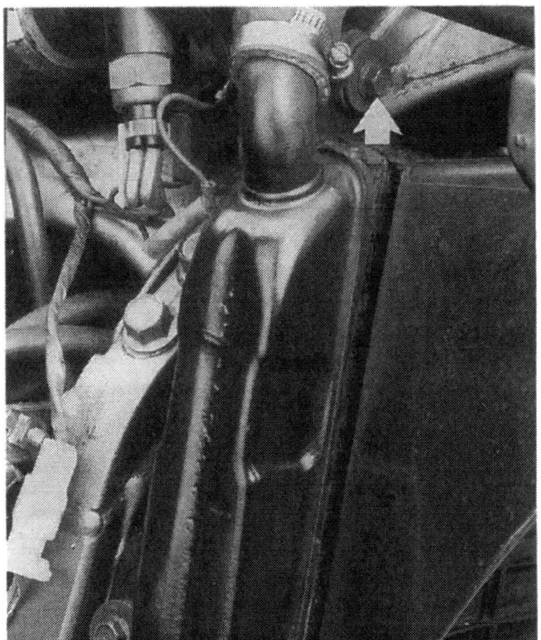

Bild 17
Befestigungschauben des Kühlers

Bild 18
Ventildeckelschrauben
1 Stecker des Kühlventilators

Bild 19
Kurbelstumpfabdeckung und Stopfen der Kontrollbohrung abnehmen

Bild 20
Auf Markierung bringen

Bild 21
Ventilspiel erfühlen

Bild 22
Steuerkettenspanner und Ölleitung (siehe Text)

Bild 23
Nockenwellenlagerdeckel
1 Steuerkettengleitschiene

Kurbelwelle aus oben beschriebener Stellung um 180° gegen Uhrzeigersinn drehen.

● Zur **Ventilspielmessung des Zylinders Nr. 4** Kurbelwelle aus oben beschriebener Stellung um 360° gegen Uhrzeigersinn drehen.

● Zur **Ventilspielmessung des Zylinders Nr. 3** Kurbelwelle aus oben beschriebener Stellung um 540° ($1\frac{1}{2}$ Umdrehungen) gegen Uhrzeigersinn drehen.

Nockenwellen ausbauen:

● Die Bilder des Nockenwellenausbaus wurden nur zur besseren Darstellung bei ausgebautem Motor aufgenommen. Motor muss zur Ventilspielkorrektur nicht ausgebaut werden!

● Kurbelwelle wie oben beschrieben gegen Uhrzeigersinn drehen bis Zylinder 1 (erster von vorn) im Zünd- bzw. Kompressions-OT steht (Nocken weisen nach vorn und hinten – von Tassenstösseln weg).

● Steuerkettenspanner ausbauen (zuerst Verschlussschraube ②, dann Schrauben ① Bild 22 ausdrehen).

● Obere Kettenführung ① Bild 23 abnehmen.

● Lagerdeckel Nr. 3 der Ein- und Auslassnockenwelle abnehmen (Schrauben schrittweise über Kreuz ausdrehen). Auf Verbleib der Passhülsen achten.

● Befestigungsschrauben der Nockenwellen-Kettenräder ausdrehen, Kurbelwelle gegen Uhrzeigersinn weiterdrehen bis gegenüberliegende Schrauben der Kettenräder zugänglich sind und Schrauben ausdrehen. Falls sich Nockenwellen beim Lockern der Schrauben mitdrehen, an M8-Schraube (Bild 20) gegenhalten.

● Kettenräder abnehmen und übrige Befestigungsschrauben der Lagerböcke schrittweise über Kreuz ausdrehen. Lagerböcke (auf Verbleib der Passhülsen achten) abnehmen und Steuerkette mit Draht gegen «Abtauchen» sichern. Nockenwellen herausfädeln.

● Tassenstössel der einzustellenden Ventile mit Magnetheber oder Saugnapf entnehmen. Einstellplättchen bleiben meist innen an Unterseite des Tassenstössels «kleben»! Auf deren Verbleib achten!

● Dicke der Einstellplättchen ist am Plättchenumfang in Hundertstel-Millimeter angegeben.

● Dicke der Einstellplättchen mit Mikrometer kontrollieren.

● Die in Hundertstel-Millimeter angegebenen Plättchendicken der ab Werk eingebauten Plättchen auf- bzw. abrunden, da auf dem Ersatzteilweg Einstellplättchen nur in 0,05 mm-Abstufung erhältlich sind. Dickstes Plättchen misst 2,40 mm, dünnstes 1,20 mm.

● Hundertstelstellen 1 und 2 → 0
● Hundertstelstellen 3 bis 7 → 5
● Hundertstelstellen 8 und 9 → 0

● Beispiel: Ursprüngliche Plättchen-Nr. 168 (1,68 mm) → gerundet 170.

● Plättchen-Dicke nach folgendem Beispiel ermitteln:
Gemessenes Ventilspiel: 0,10 mm
Dicke des «alten» Plättchens: 2,35 mm
Korrektes Ventilspiel (Einlass): 0,11 – 0,20 mm (Mittelwert 0,15 mm)
Dicke a des erforderlichen Stössels:
a = (0,10 – 0,15) + 2,35
a = 2,30

● Gleitflächen von neuem Plättchen mit MoS_2-Fett oder ähnlichem Fettprodukt **dünn** balsamieren und mit Tassenstössel einsetzen.

Einbau der Nockenwellen

● ⚠ Nockenwellen nicht verwechseln (Einlasswelle: drei Nocken je Zylinder; Auslasswelle: zwei Nocken je Zylinder).

● ⚠ Lagerböcke sind ebenfalls gekennzeichnet (Bild 23):
Einlass: «IN» (1 bis 4 von links nach rechts in Fahrtrichtung gesehen)
Auslass: «EX» (1 bis 4 von links nach rechts in Fahrtrichtung gesehen)

● «T»-Markierung der Kurbelwange mit Gehäusemarkierung ausrichten (Bild 20). Dabei Steuerkette straff halten, damit sie sich nicht verklemmt.

● Nockenwellen mit geölten Lagerstellen und Kettenrädern so einsetzen, dass Körnermarkierungen der Nockenwellen nach oben weisen. Lagerböcke 1, 2 und 4 locker anbringen. Schrauben von innen nach aussen anziehen (10 Nm).

● Kettenräder an Sitz der Nockenwellen ansetzen.

● Lagerbock «E-3» der Auslassnockenwelle provisorisch ansetzen und Nockenwellenmarkierung (Körnerpunkt) mit Lagerdeckelmarkierung ausrichten (Bild 26; Nockenwelle mit Gabelschlüssel am Sechskant drehen).

● ⚠ Nockenwelle maximal um halbe Umdrehung drehen, da sonst Ventil und Kolben beschädigt werden können (Ventilteller drückt auf Kolbenboden).

● Lagerdeckel «E-3» wieder abnehmen. Steuerkette vorn (Auslasseite) straff ziehen und so auf Kettenrad auffädeln, dass Kettenradbohrung mit Körnermarkierung nach oben weist (Bild 24). Dabei Nockenwelle nicht mehr verdrehen! Befestigungsschraube handfest eindrehen.

● ⚠ Falls Kettenradbohrung nicht mit Nockenwellenbohrung ausgerichtet werden kann, Kettenrad um ein Glied weiterdrehen. Nicht Nockenwelle verdrehen!

● Genauso Einlassnockenwelle montieren. Entsprechend Auslassnockenwellen-Montage Steuerkette beim Ausrichten des Kettenrads von Auslassnockenwelle her straff ziehen.

Bild 24
Körnermarkierung an Kettenrad-Bohrung

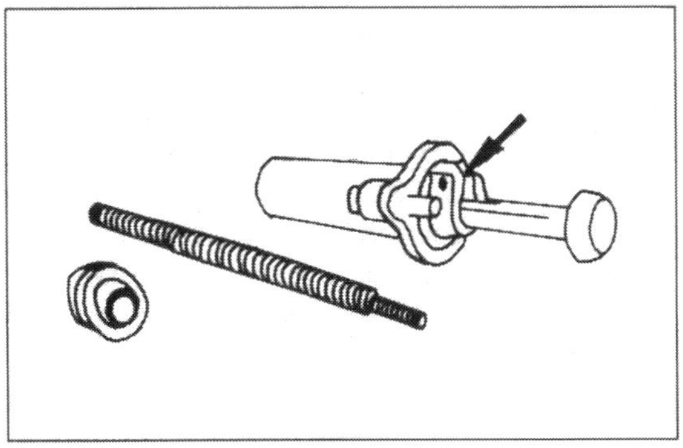

Bild 25
Steuerkettenspanner
Pfeil-Sperrklinke

● Steuerkettenspanner einbauen: Sperrklinke des Spanners (Pfeil in Bild 25) eindrücken und Bolzen ganz in Gehäuse einschieben.

● Spannergehäuse mit neuer Dichtung am Zylinderblock anbringen (UP-Markierung weist nach oben; Schrauben ① Bild 22 10 Nm).

● Beide Federn einsetzen und Verschlussschraube ① Bild 22 mit so gut wie neuer Dichtscheibe eindrehen (20 Nm).

● Befestigungsschrauben der Kettenräder anziehen (24 Nm). Kurbelwelle gegen Uhrzeigersinn drehen und gegenüberliegende Schrauben anziehen.

● Falls sich Nockenwellen mitdrehen, Kurbelwelle an Schraube Bild 20 gegenhalten.

● Nockenwellen-Lagerdeckel «E-3» und «I-3» sowie obere Kettenführung ① Bild 22 anbringen (10 Nm). Starre Steuerketten-Führungsschiene einschieben.

● Übereinstimmung der Kurbelwellen- und Nockenwellen-Markierungen prüfen (Bilder 20 und 26).

● Schraube Bild 20 entfernen und Gehäuse-

Bild 26
Nockenwellenmarkierungen mit Lagerdeckelmarkierungen ausrichten

und Kontrolldeckel mit einwandfreiem O-Ring wieder anbringen (7 Nm).

● Kurbelwelle zwei Mal um 360 Grad drehen und Spiel nochmals prüfen.

● Dichtung des Zylinderkopfdeckels vor Einbau auf Beschädigung überprüfen, gegebenenfalls auswechseln.

● Zylinderkopfdeckel mit fett- und ölfreien Dichtflächen montieren (Bild 18). Dichtgummis der Befestigungsschrauben leicht ölen und Schrauben eindrehen (10 Nm).

● Kühler wieder anbringen (Bild 17). Stecker des Kühlerventilatormotors ① Bild 18 und Schläuche anschliessen.

● Kühlmittel-Ablassschrauben wieder eindrehen und Kühlmittel (2,3 Liter) am Einfüllstutzen (Bild 13) einfüllen. Motor starten und Kühlmittel auffüllen bis Pegel nicht mehr sinkt.

● Kühlmittelstand im Ausgleichsbehälter (Bild 27) nach Abbau der Seitenverkleidung (Bild 3) prüfen. Kühlmittelstand muss bei kalter Maschine bis «LOWER» reichen. Gegebenenfalls mit weichem (destilliertem) Wasser auffüllen.

3.7 Kompression

Der Kompressionsdruck lässt Rückschlüsse auf das Innenleben des Zylinders zu. Ob eine Motorrevision droht, kann häufig anhand einer Kompressionsdruckprüfung festgestellt werden.

● Kompression bei korrektem Ventilspiel und normaler Betriebstemperatur messen.

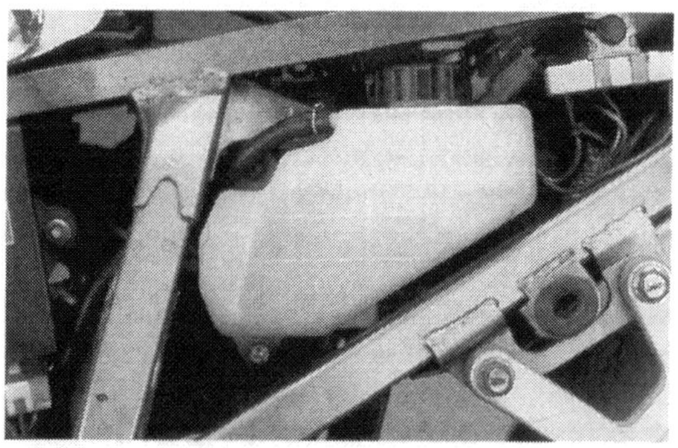

Bild 27
Kühlmittel-Ausgleichsbehälter

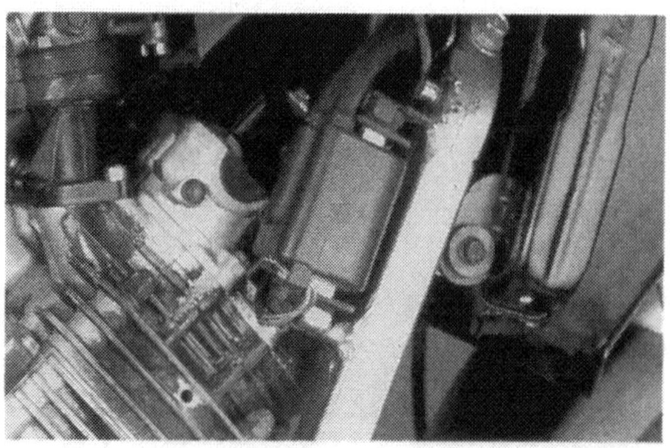

Bild 28
Einbaulage der Zündspule

● Zündkerzen herausschrauben und Kompressionsmessgerät anschliessen.

● Gasgriff voll öffnen und Motor mit Starter durchdrehen, bis Anzeige des Kompressionsmessers nicht mehr weiter steigt (normalerweise nach ca. 10 Sekunden).

● Kompressionsdruck:

Standard bei............ 11 kg/cm³
Minimum bei............ 9 kg/cm³
Maximum bei........... 12 kg/cm³

Zu geringer Druck deutet auf undichte Ventile, zu enges Ventilspiel, undichte Zylinderkopfdichtung, verschlissenen Kolben, Kolbenringe oder Zylinder. Zu hohe Kompression wird meist von Ölkohleablagerungen im Brennraum verursacht.

● TIP Um bei zu niedriger Kompression die Fehlerquelle einzukreisen:

● Öl durch Kerzenloch des betreffenden Zylinders möglichst gleichmässig auf Zylinderwand spritzen.

● Kompri-Test wiederholen.

● Erhöhte Werte lassen auf verschlissene Kolben, -Ringe oder Zylinderlaufbahn schliessen.

● Gleichbleibender Wert lässt auf verschlissenen Zylinderkopf (Ventil, -sitz und -führungen) schliessen. Werkstatterfahrung lässt es wahrscheinlicher erscheinen, dass letzterer Fall zuerst eintritt. Und zwar in der Regel (wenn man dafür überhaupt eine Regel aufstellen kann) nach einer Laufleistung von weit über 80 000 km, wobei sie dann natürlich nicht schlagartig ihren Dienst einstellen, sondern lediglich die Verschleissgrenzen für Ventilsitzbreite und Ventilführungsspiel erreichen, aber auch mit deutlichen Rauchzeichen auf ihren Zustand aufmerksam machen.

3.8 Zündkerzen

Die vier Funkenspender unterziehen sich alle 6000 km einer Inspektion und werden alle 12 000 km erneuert.

Um das Kerzenbild aussagefähig beurteilen zu können:

● Motor 10 km im mittleren Drehzahlbereich warmfahren.

● Motor schon beim Ausrollen des Motorrads abschalten.

● ⚠ Längeres Laufen des Motors im Standgas vor Abstellen des Motors macht eine richtige Kerzenbild-Beurteilung unmöglich (→Kerze russt ein)!

● Untere Verkleidung (Bild 9) abnehmen.

● Zündspulen (Bild 28) links und rechts aus Halterung abnehmen und Zündkerzen ausdrehen (Bild 29).

● ⚠ Kerzenbild sollte einen rehbraunen Farbton zeigen, bei weissem bis aschgrauem Bild ist Kraftstoffluftgemisch zu mager, der Motor läuft zu heiss. Bei dunkelbraunem bis schwarzem Kerzenbild ist das Gemisch zu fett (was auch vom zugesetzten Luftfilter herrühren kann).
Schwarz verrusste, feuchtglänzende Kerzen deuten auf verschlissene Ventilführungen oder abgenutzte Kolbenringe, durch die Öl in den Verbrennungsraum gelangen kann.

● Mit Messingdrahtbürste Kerze reinigen und Isolator auf Risse oder Absplitterungen untersuchen. Dichtring muss einwandfreie Planflächen aufweisen, bei Beschädigungen Dichtring erneuern.

● Elektrodenabstand mit Fühlerlehre messen, Sollwert: 0,6 – 0,7 mm (Bild 30).

● ⚠ Elektrode nicht nachbiegen, Bruchgefahr im Betrieb!

Standardzündkerzen:
NGK: DR8ES-L
Nippon Denso: X24ESR-U

● ⚠ Zündkerze gefühlvoll von Hand einschrauben, unbedingt darauf achten, dass schon der erste Gewindegang richtig greift. Eine schräg angesetzte Kerze ruiniert mit ihrem harten Stahlgewinde das weiche Gewinde im Aluminium-Zylinderkopf schon nach einer halben Umdrehung.

● Erst bei richtigem Sitz Kerze mit Kerzenschlüssel anziehen (17,5 Nm). Alte Kerze (alter Dichtring) nach Aufsitzen 1/4 Umdrehung anziehen. Neue Kerze (neuer Dichtring) nach Aufsitzen 1/2 Umdrehung anziehen). Kerzenstecker wieder aufsetzen, Zünspule und Verkleidung wieder anbringen.

3.9 Leerlaufdrehzahl, Drosselklappen-Betätigung und -Abgleich

Für optimale Leistungsfähigkeit der Maschine ist es unumgänglich, dass die Zylinder absolut synchron arbeiten. Schon geringste Unterschiede bewirken, dass besser gefütterte Zylinder benachteiligte «mitschleppen» müssen.

● Maschine auf Hauptständer (so vorhanden) stellen und Getriebe auf Leerlauf schalten.

Drosselklappenbetätigung

● Seilzugspiel am Einsteller (Bild 31) nach Lösen der Gegenmutter so einstellen, dass sich am Drehgriffumfang ein Leerweg von 3 – 5 mm ergibt.

● Lenker bei im Leerlauf tuckernden Motor von Anschlag zu Anschlag schwenken → Leerlaufdrehzahl darf sich nicht verändern.

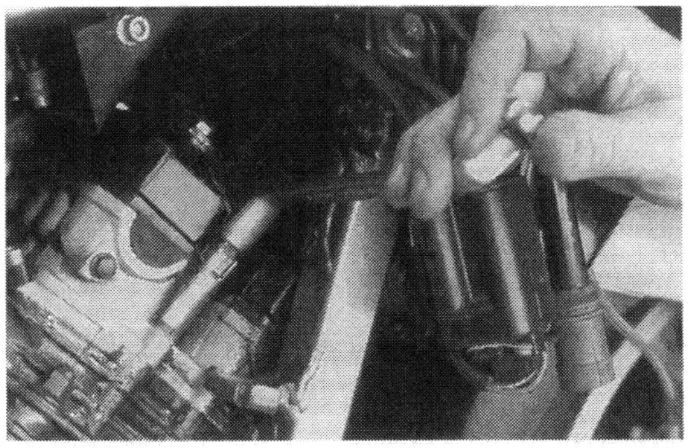

Bild 29
Zündkerze ausdrehen

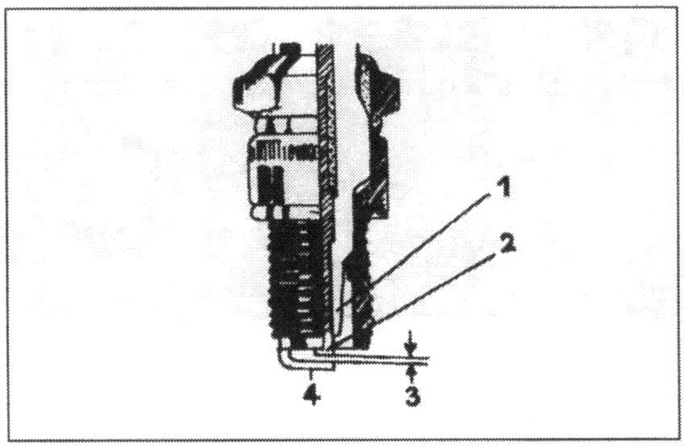

Bild 30
Zündkerze
1 Isolierkörper
2 Mittelelektrode
3 Elektrodenabstand
4 Masseelektrode

Bild 31
Oberer Gasseilzugeinsteller

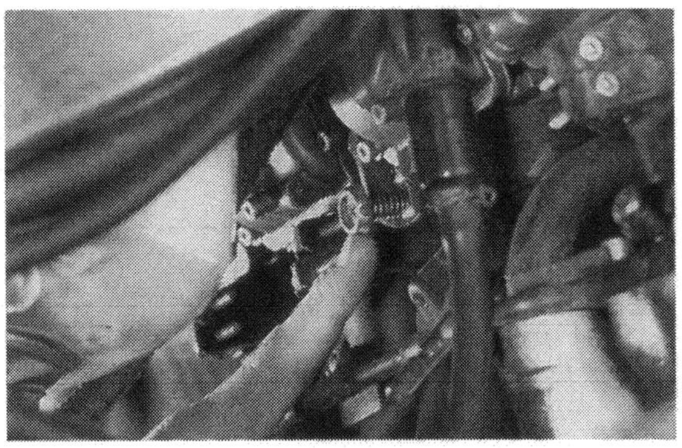

Bild 32
Leerlauf-Regulierschraube

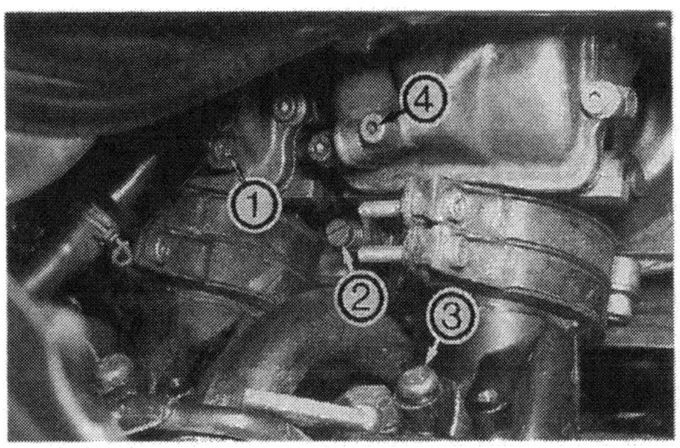

Bild 33
Vergaserabgleich
1 Schwimmerkammer-Ablassschraube
2 Abgleichschraube
3 Unterdruckanschluss
4 Schwimmerkammer-Ablass

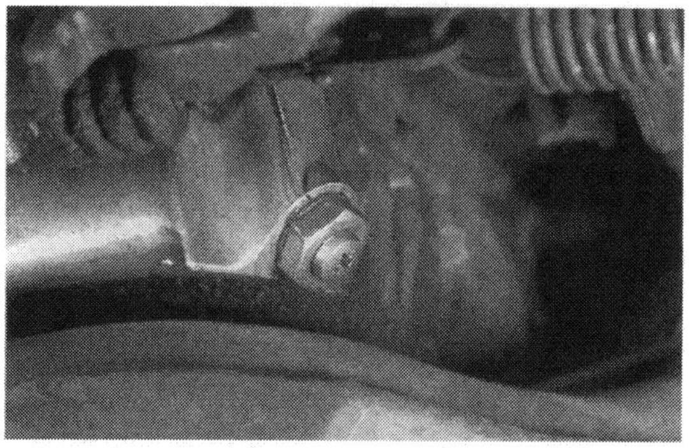

Bild 34
Ölablass-Schraube

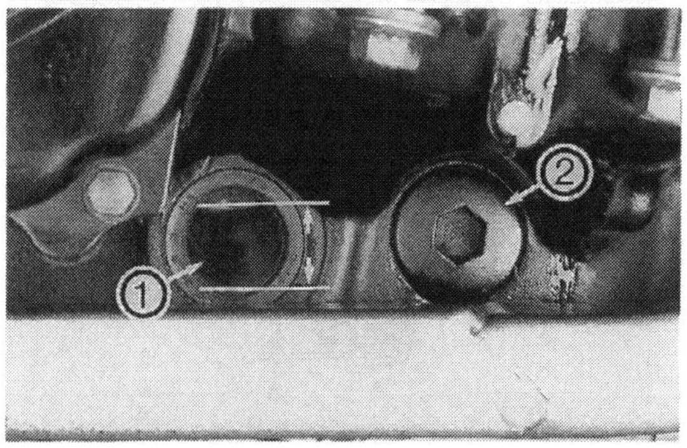

Bild 35
Ölschauglas 1 und
Ölkanal-Verschlussstopfen 2

Bild 36
Ölfiltergehäuse. Schlitz muss in Nut eingreifen

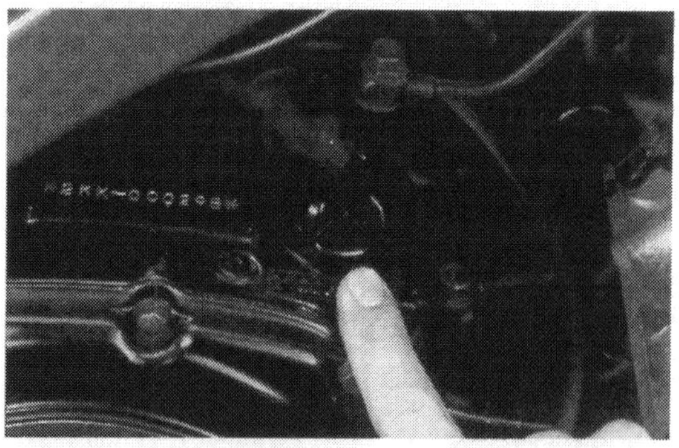

Bild 37
Öleinfüllstutzen

Bild 38
Entlüftungsschraube

Leerlaufdrehzahl und Abgleich

- ⚠ Leerlauf- und Abgleich-Einstellung erfolgen bei betriebswarmem Motor (85°C) und korrekt eingestelltem Ventilspiel.
- ⚠ In geschlossenen Räumen für ausreichende Belüftung sorgen! Abgase enthalten giftiges geruchloses Kohlenmonoxid, das Bewusstlosigkeit verursachen und zum Tod führen kann.
- Links Verkleidungsseitenteil ausbauen.
- Leerlaufdrehzahl durch ein- oder ausdrehen der Anschlagschraube (Bild 32) auf 1000 ± 50/min einstellen.
- Zum Vergaserabgleich Verschlussschrauben ③ Bild 33 (bei früherer Ausführung Kunststoffstopfen abnehmen) ausdrehen und Unterdruck-Messuhren mit passendem Adapter anschliessen.
- Motor starten und mit Standgas laufen lassen.
- Gleichlauf und Leerlaufdrehzahl an Unterdruck-Messuhren kontrollieren.
- Durch Drehen der Abgleichschrauben ② Bild 33 nach rechts oder links (ausprobieren) Gleichlauf zwischen Zylinder 1 und 2 einstellen. Anschliessend Zylinder 3 mit 4 abgleichen, dann Zylinder 2 mit 3.
- Leerlaufdrehzahl nochmal kontrollieren.

3.10 Motoröl und -Filter

Das Öl ist sozusagen der Lebenssaft für jedes Triebwerk. Klar, dass da der Pegelstand regelmässig kontrolliert wird (Motor auf Betriebstemperatur; Ölstand muss zwischen oberer und unterer Marke am Ölstand-Schauglas reichen; Bild 35).

Ein Ölverbrauch von 0,15 l / 1000 km wird als normal angesehen. Alle 6000 km bedarf das Öl einer Erneuerung, mindestens aber alle sechs Monate; bei ausschliesslichem Kurzstreckenbetrieb oder bei Temperaturen unter 0°C alle 3 000 km oder 3 Monate.

Das Ölfilter hat die Aufgabe, kleinste Partikelchen aus dem Motoröl herauszufiltern. Sobald der Motor läuft, befindet sich das Öl in dauerndem Kreislauf vom Ölsumpf zum Motor und seinen Schmierstellen und tropft dort ab in den Ölsumpf, um wieder durch das Filter zu den Schmierstellen gedrückt zu werden.

- ⚠ Ölfilter deshalb bei jedem zweiten Ölwechsel erneuern (alle 12 000 km).
- ⚠ Motoröl bei betriebswarmer Maschine ablassen, damit sich die Metallabriebsteilchen noch in der Schwebe befinden und sich noch nicht abgesetzt haben.

● Motorrad auf Seitenständer stellen und geeignetes Auffanggefäss (min. vier Liter Fassungsvermögen) unterschieben, Ölablass-Schraube (Bild 34) ausdrehen.
● ⚠ Finger nicht am heissen Öl verbrühen! Öl läuft erst im Schuss, nach einiger Zeit nur noch tröpfchenweise. Geduldig warten, bis der letzte Tropfen den Weg ins Auffanggefäss gefunden hat.
● TIP Ablass-Schrauben sind mit einem Alu- oder Kupferdichtring versehen, der bei mindestens jedem zweiten Ölwechsel erneuert wird.
● Ablass-Schraube eindrehen (43 Nm).
● Auffangwanne unter Ölfilter stellen.
● Ölfiltergehäuse (Bild 36) nach Lösen der Befestigungsschraube (Hohlschraube) abnehmen.
● Hohlschraube mit einwandfreiem Dichtring in Gehäuse einschieben. Von innen Feder, Scheibe und neue Ölfilterpatrone einsetzen. Gehäuse so vormontiert mit einwandfreiem und leicht geöltem O-Ring anbringen (Schlitz des Gehäuses greift in Motorgehäusenut ein; Bild 36). Hohlschraube anziehen (15 Nm).
● 3,0 Liter Motoröl SAE 20W 40 oder 50 am Einfüllstutzen einfüllen (Bild 37).
● Motor kurz laufen lassen.
● Nach etwa fünf Minuten Ölstand am Schauglas kontrollieren. Öl soll an oberer Pegelmarke stehen.
● ⚠ Motoröl nie über MAX auffüllen!
● Öldruck prüfen: Ölkanal-Verschlussschraube am Zylinderkopf (Bild 38) etwas herausdrehen und Motor im Leerlauf tuckern lassen, bis Öl an gelockerter Schraube austritt. Motor abstellen und Schraube wieder anziehen (10 Nm).
● ⚠ Tritt innerhalb von einer Minute kein Öl aus, Motor abstellen und Ursache auffinden und beheben.
● ⚠ Altöl nicht «weggiessen» (!), sondern an einer Sammelstelle (in jeder grösseren Stadt zu finden) oder Tankstelle abliefern!
● ⚠ Jeder Ölverkäufer ist zur Zurücknahme von Altöl verpflichtet!

Bild 39
Fussrastenhalterung von hinten

Bild 40
Bremspedal
1 Befestigungsschrauben des Bremspedals
2 Befestigungsschrauben der Fusspumpe
3 Befestigungsschraube der Fussraste

3.11 Bremspedal- und Bremslicht-Einstellung

In Notsituationen ist es äusserst wichtig, dass die Bremswirkung sofort ohne Verzögerung eintritt. Dehalb geniesst gerade die bei Notbremsungen wichtige Fussbremse unsere besondere Aufmerksamkeit.
● Bremspedal soll 35 mm unter Fussrastenniveau liegen. Einstellung bei abgenommener Fussrastenhalterung vornehmen (Bild 39).
● Befestigungsschrauben ① Bild 40 ausdrehen und Halterung abnehmen.
● Pedalhöhe nach Lockern der Gegenmutter ① Bild 41 und Drehen der Einstellspindel ② einstellen.
● ⚠ Einstellspindel muss nach Einstellung in Kontrollbohrung ④ Bild 41 noch sichtbar sein.
● Gegenmutter wieder anziehen.

● Bremslicht so einstellen, dass Licht aufleuchtet bevor Bremswirkung einsetzt.
● Zur Einstellung Schaltergehäuse ③ Bild 41 festhalten und Mutter ein- oder ausdrehen.

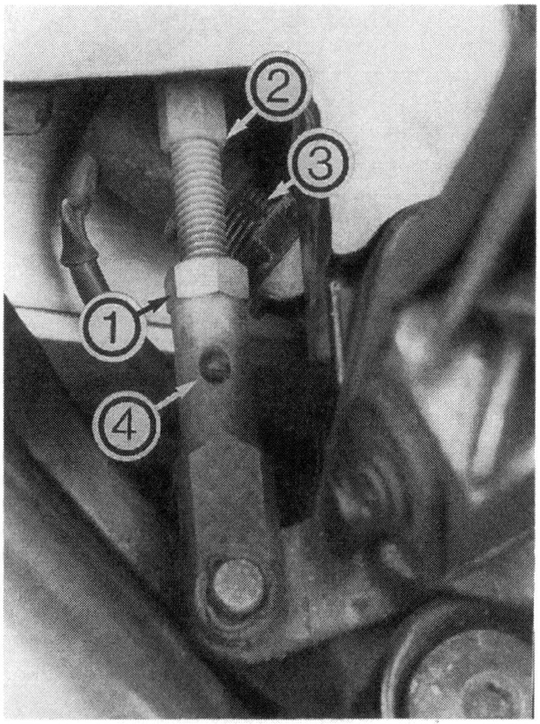

Bild 41
Pedal- und Bremslicht-Einstellung
1 Gegenmutter
2 Einstellspindel
3 Bremslichtschalter
4 Kontrollbohrung

3.12 Schaltpedal-Einstellung

● Um Schaltpedal der individuellen Fussstellung anzupassen, Gegenmuttern ① und ② Bild 42 lockern und Spindel ③ drehen, bis optimale Einstellung gefunden ist.

Bild 42
Schaltpedaleinstellung
1 Gegenmutter Rechtsgewinde
2 Gegenmutter Linksgewinde
3 Einstellrändel

3.13 Brems- und Kupplungsflüssigkeit

Mag man einem Motorrad kurzzeitig einen defekten Auspuff oder auch mal ein durchgebranntes Blinkerbirnchen zubilligen – beim Thema Bremsen gibt es keine Kompromisse. Hier muss bei jedem Fahrmeter die hundertprozentige Leistungsfähigkeit sichergestellt sein.
Auf die Wirkung der Bremsanlage der FZ 750 kann sich der Motorradfahrer verlassen. Damit das immer so ist, sollten Wartungsarbeiten an der Bremshydraulik nur bei fundierten Vorkenntnissen vorgenommen werden. Beim geringsten Zweifel am eigenen Können ist die Fachwerkstatt die bessere Wahl.
● Am Brems- bzw. Kupplungsflüssigkeits-Behälter Pegelstand kontrollieren, Behälter muss dabei waagerecht stehen (Bilder 43 und 44).
● ⚠ Falls sich Pegel «Lower»-Marke nähert, zuerst Belagstärke der Bremsklötze kontrollieren! Kupplungs- bzw. Bremsbelagverschleiss wird mit Bremsflüssigkeit ausgeglichen!
● Sämtliche Bremsleitungen auf Beschädigung und richtige Lage prüfen.
● Alle Schraubverbindungen der Bremsleitungen abwischen.
● Bremse mit Kraft betätigen und kurz unter Druck halten. Bremsleitungen danach auf eventuelle undichte Stellen absuchen.

Bremsflüssigkeit ergänzen:

● ⚠ Da sich Bremsflüssigkeit hygroskopisch verhält, d.h. Wasser anzieht (→ Siedepunkt sinkt), muss Behälter immer gut verschlossen sein. Keinesfalls dürfen Verunreinigungen, Schmutz oder Wasser in Behälter gelangen.
● ⚠ Beim Öffnen des Deckels muss Behälter waagerecht stehen, damit keine Bremsflüssigkeit überschwappt, die sich aggressiv verhält und Lack angreift.

Bild 43
Bremsflüssigkeitsbehälter vorn (wie Kupplungs-Handpumpe)

Bild 44
Bremsflüssigkeitsbehälter hinten

● Deckel samt Membran abnehmen (am hinteren Behälter Deckel aufdrehen).
● Pegelstand bis zur UPPER-Markierung auffüllen. Nur Bremsflüssigkeit der Qualität DOT 4 verwenden (auch wenn für frühe FZ nur DOT 3 vorgeschrieben ist)!
● ⚠ Einmal jährlich **Bremsflüssigkeit erneuern**.
● Um auch möglichst vollständig die Bremsflüssigkeit zu wechseln, die sich hinter den Bremskolben im Sattel befindet, Bremsbeläge ausbauen (siehe folgendes Kapitel), Bremskolben vorsichtig mit Hartholz o.ä. in Sattel eindrücken und arretieren.
● Deckel des Bremsflüssigkeitsbehälters samt Membran entfernen und passenden, durchsichtigen Schlauch, der in Auffanggefäss endet, über Entlüftungsventil am Kupplungs- bzw. Bremszylinder stülpen (Bild 45).
● Hebel anziehen und Entlüftungsventil mit $^1/_4$ bis $^1/_2$ Umdrehung öffnen und sofort wieder schliessen (Bild 46). Hebel bzw. Pedal wieder freigeben.
● Pumpbewegungen am Bremshebel fördern Flüssigkeit zum Auffanggefäss.
● TIP Schön langsam pumpen und Hebel zwischendurch immer einige Sekunden in Ruhestellung belassen, um zu gewährleisten, dass sich System luftfrei füllt.
● Währenddessen in Behälter am Lenker zügig Bremsflüssigkeit nachgiessen, damit keine Luftbläschen ins System gelangen können.
● ⚠ Sinkt Pegel unter LOWER kann Luft ins System gepumpt werden.
So wird mit neuer Bremsflüssigkeit die alte weggespült.
● Tritt am Entlüftungsschlauch keine Luft bzw. klare, neue Bremsflüssigkeit aus, Bremshebel noch einmal langsam anziehen und gleichzeitig Entlüftungsventil schliessen.
● Vorgang am zweiten Bremssattel bzw. am zweiten Entlüftungsventil wiederholen.

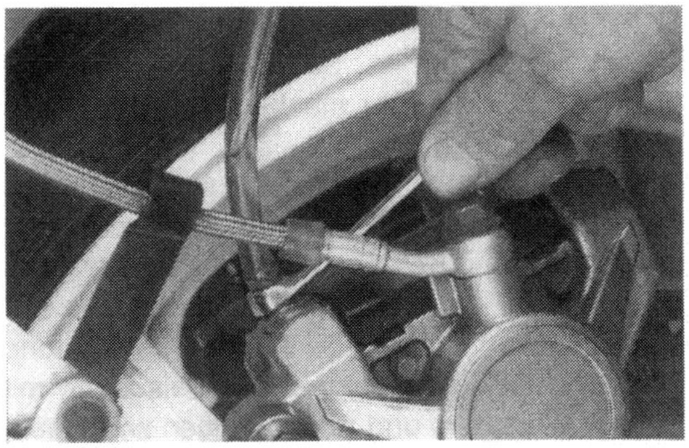

Bild 45
Entlüftungsventil $^1/_4$ bis $^1/_2$ Umdrehung öffnen

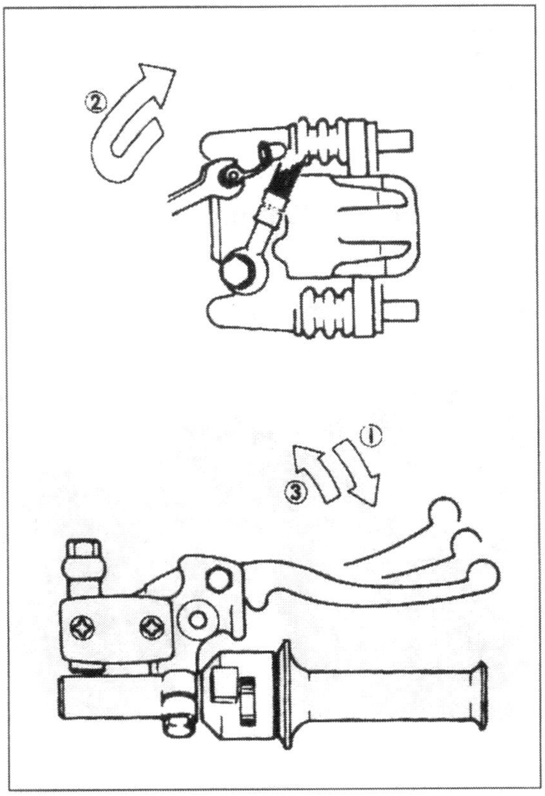

Bild 46
Bremssystem entlüften
1 Hebel / Pedal anziehen
2 Ventil öffnen ($^1/_4$ bis $^1/_2$ Umdrehung)
3 Hebel / Pedal herauslassen

3.14 Bremsbeläge

Auch die beste Bremse funktioniert nur mit ordentlichen Belägen. Deshalb ist die regelmässige Kontrolle der Belagstärken so wichtig.
● Kontrolle der Belagstärke durch Sichtprüfung:
● Bremssattelabdeckung mit Schraubendreher aushebeln und von oben in Bremssattelschacht peilen.
● ⚠ Mindestbelagstärke: 0,5 mm (Verschleissanzeigenut muss noch sichtbar sein).
● ⚠ Bremsbläge nur im Satz wechseln.

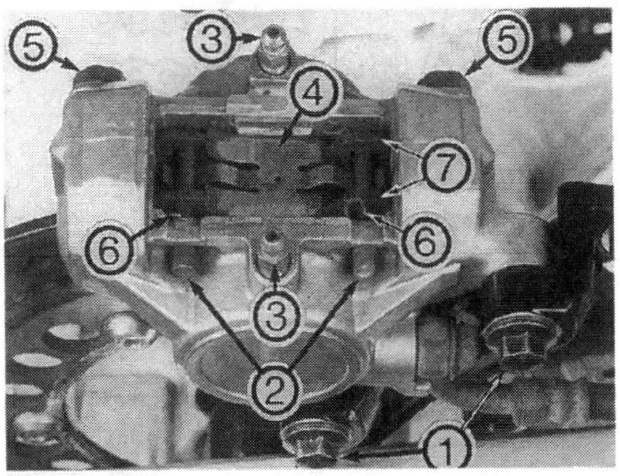

Bild 47
Hinterer Bremssattel (Prinzip gleich wie vorn)
1 Befestigungsschrauben
2 Belagstifte
4 Belagfeder (hier falsch herum eingebaut!)
5 Gehäuseschrauben (nicht lösen!)
6 Sicherungssplint
7 Bremsbelag

Bremsbeläge ausbauen
● Sicherungssplinte ⑥ Bild 47 mit kleinem Schraubendreher o.ä. nach oben herausziehen. Belagstifte ② herausziehen und Belagfeder ④ mit Belägen ⑦ nach oben entnehmen.
Bremsbeläge einbauen
● Schacht mit Bremsenreiniger reinigen.

● Mit stumpfen Werkzeug (Hartholz o.ä.) Bremskolben vorsichtig in Sattel-Zylinder zurückdrücken, um Platz zu machen für neue dicke Beläge.

● ⚠ Auf keinen Fall mit scharfkantigem Schraubendreher im Bremsbelagschacht herumstochern und Kolbengleitfläche verkratzen!

● Beläge in Sattel einsetzen, Belagfeder so einsetzen, dass längere Lasche in Fahrtrichtung weist und Belagstifte eintreiben. Belagstifte mit Splinte ⑥ sichern und Abdeckungen anbringen.

● ⚠ Durch Pumpen am Bremshebel / -Pedal Druck im System aufbauen. Erst wenn Druckpunkt deutlich fühlbar ist, ist Bremse betriebsbereit!

3.15 Vorderrad-Bremshebel

● ⚠ Spiel des Bremshebels muss regelmässig kontrolliert werden, um übermässiges Schleifen der Bremsbeläge an der Scheibe zu vermeiden.

● Gegenmutter der Einstellschraube (Bild 48) lockern und Einstellschraube so ein- oder ausdrehen, dass Leerweg am Hebel 2 – 5 mm beträgt. Gegenmutter wieder anziehen.

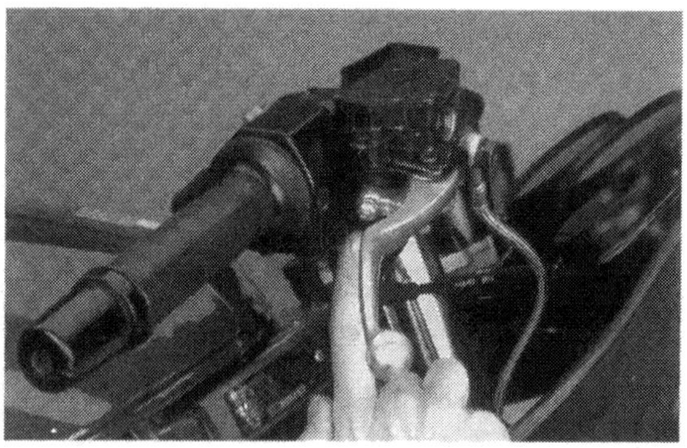

Bild 48
Leerweg-Einstellschraube mit Gegenmutter

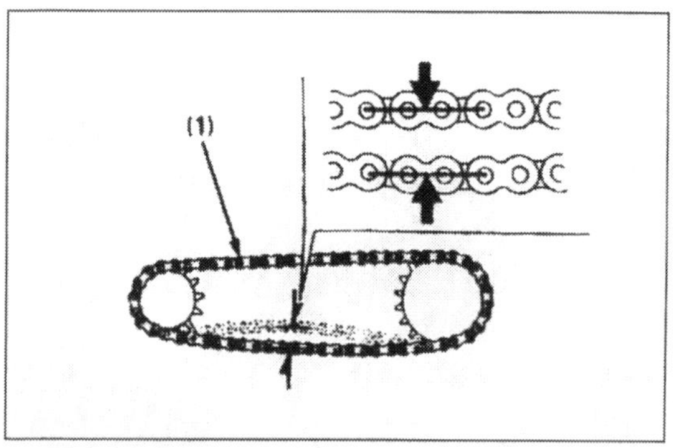

Bild 49
Kettendurchhang prüfen
1 Antriebskette

Bild 50
Kettendurchhang einstellen
1 Achsmutter
2 Einstellmutter
3 Gegenmutter

3.16 Antriebskette

● ⚠ Antriebskette niemals bei laufendem Motor prüfen oder einstellen.

Die Antriebskette ist eigentlich das Teil am Motorrad, dem man seinen Pflegezustand auf den ersten Blick ansieht. Doch wird die als lästig empfundene Kettenpflege häufig sträflich vernachlässigt, obwohl sie doch wesentlichen Einfluss auf die Fahrleistungen eines Motorrades hat.

● Zum Prüfen des Kettendurchhangs Motorrad in Leerlauf schalten und so aufbocken, dass Hinterrad frei drehbar ist. Durchhang an mehreren Stellen prüfen, um Stelle mit straffster Kettenposition zu finden (Kette längt sich meist ungleichmässig). Durchhang an straffster Stelle muss unten mittig zwischen den Kettenrädern 15 – 20 mm betragen (Bild 49).

● Zum Korrigieren des Durchhangs Hinterachsmutter ① Bild 50 lösen, Gegenmuttern ③ auf beiden Seiten lockern und Einstellmuttern ② jeweils um gleiche Anzahl von Umdrehungen weiterstellen, bis Kette korrekten Durchhang erreicht.

● Kettendurchhang darf keinesfalls weniger als 15 mm betragen: Gefahr durch stossartige Drücke für Getriebe-Abtriebslager!

● Darauf achten, dass beide Verschleissanzeigemarken an der gleichen Ausrichtmarkierung der Schwinge stehen.

● Hinterachsmutter (107 Nm) und Gegenmuttern der Einstellmuttern (15 Nm) wieder anziehen. Hinterachsmutter mit neuem Splint sichern.

● Als letzte Kontrolle Motorrad vom Ständer nehmen und aufsitzen. Auch jetzt darf Kette keinesfalls voll gespannt sein.

● Falls Einstellmuttern nicht mehr weitergedreht werden können, ist Kette übermässig gelängt und muss erneuert werden. O-Ring-Ketten besitzen kein lösbares Kettenschloss, zum Wechseln muss deshalb Schwinge ausgebaut werden (Kapitel 17 Heckpartie). Normale Nietenzieher sind für O-Ring-Ketten nicht zu gebrauchen, dazu gehören spezielle Ausdrücker (im Werkzeughandel erhältlich).

● TIP Weniger zeitaufwendig ist die Verwendung von EK-Enuma-Schraubschlössern (erhältlich im Fachhandel; alte Kette mit Winkelschleifer auftrennen).

● Gleichzeitig Zähne der Kettenräder auf Abnutzung untersuchen (Bild 51).
● Falls verschlissen, beide Kettenräder zusammen mit Kette im Satz wechseln (vorderes Kettenrad Kapitel 12 Motor / hinteres Kapitel 17 Heckpartie).
● ⚠ Niemals neue Kette mit alten Kettenrädern oder umgekehrt kombinieren, da sich Teile gegenseitig extrem schnell verschleissen.

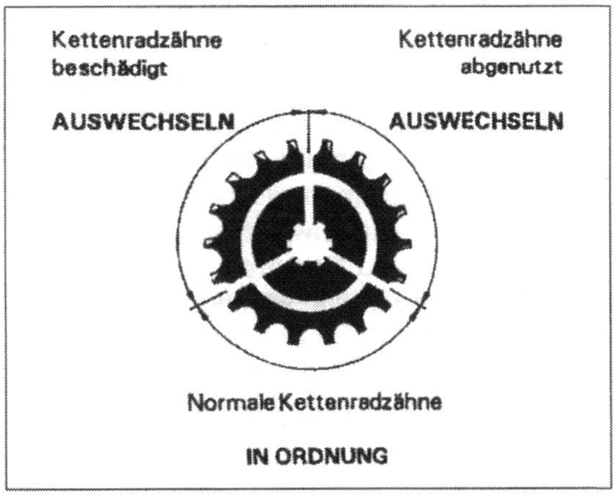

Bild 51
Kettenradverschleiss und -beschädigung

3.17 Teleskopgabel

Die Vorderradfederung der FZ 750 bietet die Möglichkeit den Luftdruck in der Gabel (frühe Ausführung) bzw. Federvorspannung (neuere Ausführung) unterschiedlichen Anforderungen anzupassen.
Die Ölfüllung alle 24 000 km oder alle zwei Jahre wechseln.
● Wirkung der Telegabel durch mehrmaliges Einfedern prüfen, wobei sich zeigt, ob Tauchrohre etwa durch verspannten Einbau an freier Beweglichkeit gehindert sind.
● Wellendichtringe und Staubkappen der Telegabel dürfen keine Undichtheiten zeigen. Sonst defekte Teile erneuern, wie ab Seite 60 beschrieben.
● Standardluftdruck der Gabel beträgt 0 kg/cm². Maximaler Druck bei vollständig ausgefederter Gabel darf 0,4 kg/cm² nicht überschreiten.
● Federvorspannung der neueren Ausführung (ab 1987) nach Aushebeln der Gummistopfen oben an Gabel an Schlitzschraube ③ Bild 52 einstellen:
● Einsteller im Uhrzeigersinn drehen und gleichzeitig nach unten drücken bis Anschlag erreicht ist, dann eine Stufe zurückdrehen (Standardeinstellung).
● ⚠ Federvorspannungseinsteller nur schrittweise von 1 bis 4 bzw. von 4 bis 1 drehen. Niemals versuchen Einsteller direkt von 1 bis 4 bzw. umgekehrt zu drehen.
● Falls Einstellung zu hart, Einsteller im Uhrzeigersinn drehen.
● Falls Einstellung zu weich, Einsteller gegen Uhrzeigersinn drehen.
● ⚠ Beide Einsteller auf gleiche Stufe drehen, um einwandfreies Fahrverhalten zu gewährleisten.

Gabelöl wechseln

● Maschine aufbocken und so untermauern, dass Vorderrad freikommt.
● Klemmschraube ④ Bild 52 lockern.
● Obere Gabelverschlussschraube ② Bild 52 ausdrehen (Schraube steht unter Federdruck).

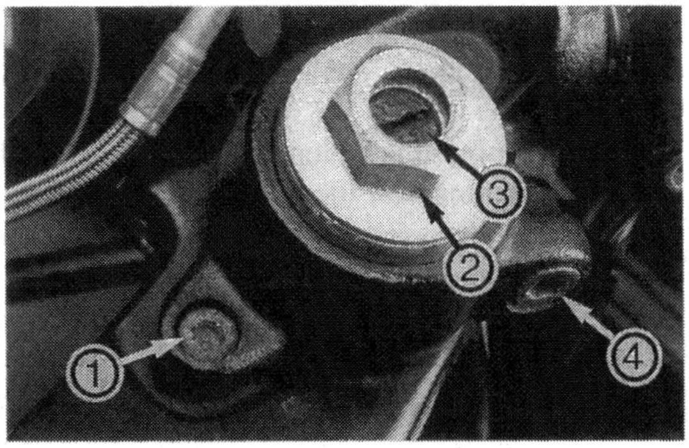

Bild 52
Lenker und Gabel
1 Lenkerbefestigungsschraube
2 Obere Gabelverschlussschraube
3 Federvorspannungs-Einsteller
4 Lenkerklemmschraube

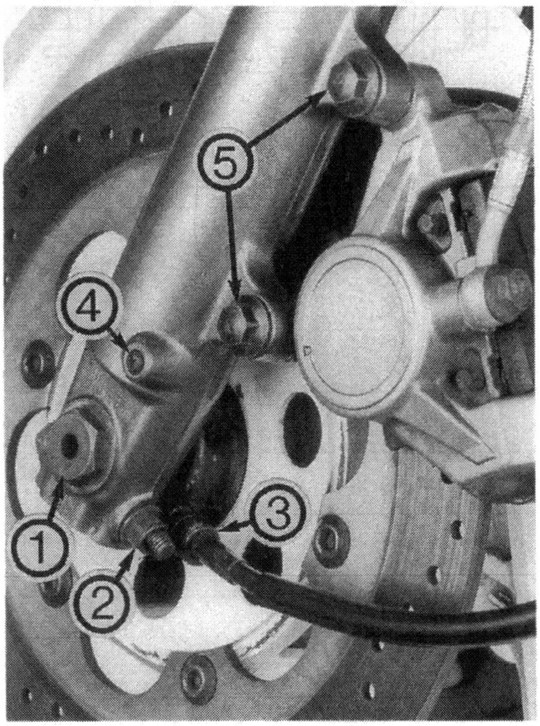

Bild 53
Frontpartie
1 Achse
2 Klemmschraube mit Mutter
3 Tachowellen-Überwurfmutter
4 Gabelöl-Ablassschraube
5 Bremssattel-Befestigungsschrauben

● Auffanggefäss unter Ablass-Schraube ④ Bild 53 stellen und Schraube ausdrehen. Auf Verbleib der Dichtscheibe achten!
● Öl geduldig auslaufen lassen, abschliessend Gabel einige Male einfedern um Restöl auszupumpen.
● Ablass-Schraube mit so gut wie neuer Dichtung einschrauben (9 Nm).

● Genau ausgeliterte Menge Gabelöl (0,408 Liter; 10er Viskosität) links und rechts einfüllen.

● ⚠ Um möglichst viel Luft im Gabelholm einzuschliessen (zusätzliche Dämpfwirkung), obere Gabelverschluss-Schraube bei ganz ausgefederter Gabel (Vorderrad frei) eindrehen.

● Schraube ② mit einwandfreiem O-Ring eindrehen (20 Nm) und Klemmschraube ④ eindrehen (23 Nm). Abdeckung anbringen.

● TIP Nach Befüllen durch Ein- und Ausfedern der Teleskopgabel (5-10 Hübe) Stossdämpfer entlüften bis volle Dämpferwirkung spürbar.

3.18 Hinterrad-Stossdämpfer

Die Stossdämpfer-Einstellung der frühen FZ wird über externe Einsteller (hinter rechter Seitenverkleidung) betätigt. Bei neuerer Ausführung (ab 1987) wird nur Federvorspannung eingestellt.

● Zur Einstellung Gegenmutter der Einstellmutter unten am Dämpfer lösen und Einstellmutter ein- oder ausdrehen um Federvorspannung der Belastung anzupassen.

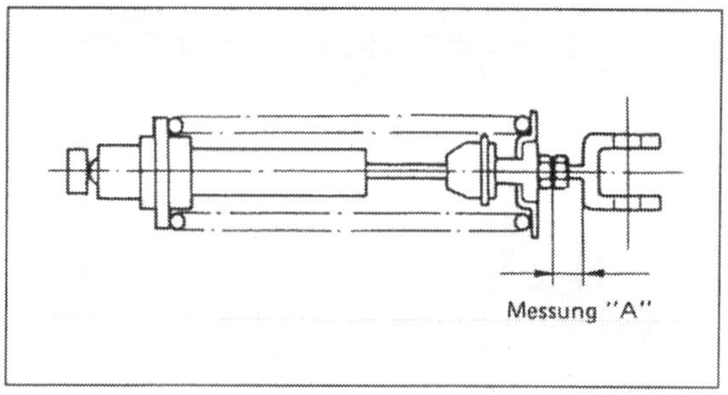

Bild 54
Federvorspannung einstellen

Bild 55
Lenkkopf
1 Lenkkopfmutter
2 Gegenmutter
3 Einstellmutter
4 Sicherungsblech
5 Klemmschraube

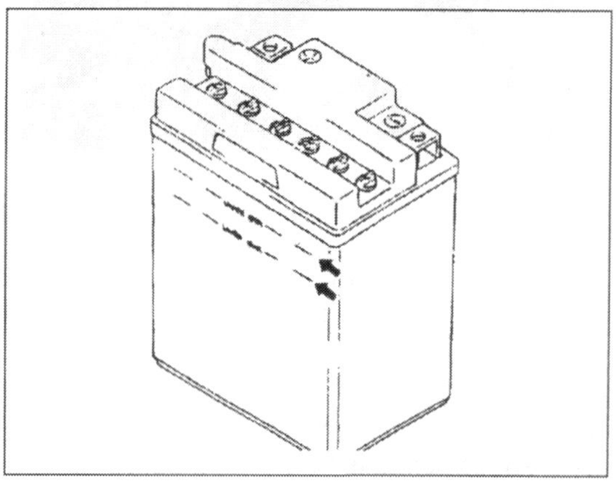

Bild 56
Säurepegel muss zwischen Maxi und Mini liegen

● Abstand A Bild 54 für

Solobetrieb	12,5 – 16,5 mm
mittlere Belastung	14,5 – 18,5 mm
maximale Zuladung	16,5 – 20,5 mm

● ⚠ Einsteller niemals über Mindest- oder Maximallänge hinausdrehen.

● Nach Einstellung Gegenmutter wieder anziehen (42 Nm).

3.19 Lenkkopflager

Wenn das Motorrad in langgezogenen Kurven plötzlich nicht mehr den gewohnt sauberen Strich ziehen will, und wenn es beim kurzen Antippen der Vorderradbremse verdächtig im Lenker knackt, dann hat das Lenkkopflager zuviel Spiel.

● TIP Zu lose eingestelltes Lager verursacht Flattern bei höheren Geschwindigkeiten.

● TIP Zu stramm angezogenes Lager verursacht Fahrzeugpendeln bei niederen Geschwindigkeiten.

● Zum Prüfen des Lagers Maschine auf Hauptständer stellen und so untermauern, dass Vorderrad freikommt.

● Falls sich Lenker ungleich bewegt, schleift, oder Vertikalspiel aufweist, Lager nachstellen. Darauf achten, dass Seilzüge oder Kabelstränge Lenkereinschlag nicht behindern.

● ⚠ Rastet Lenker in Mittelstellung ein → Lenkkopflager defekt, Lager ersetzen (Kapitel 16 Frontpartie).

● Tank abnehmen (Kapitel 3.2) und Lenkerbefestigungsschraube ① Bild 52 ausdrehen.

● Klemmschraube ④ Bild 52 lockern und Lenkerhälften abnehmen.

● Gegenmutter ① Bild 55 ausdrehen und Gabelklemmschraube ⑤ lockern. Obere Gabelbrücke abnehmen.

● Sicherungsblech ④ abnehmen. Gegenmutter ② ausdrehen und Scheibe abnehmen.

● Einstellmutter ③ anziehen (52 Nm), wieder vollständig lockern und anschliessend anziehen (3 Nm).

● Scheibe wieder auflegen und Mutter ② fingerfest anziehen bis Sicherungsblech ④ wieder aufgelegt werden kann.

● Obere Gabelbrücke aufschieben und Mutter ① anziehen (110 Nm).

● Gabelklemmschrauben ⑤ anziehen (20 Nm) und Lenkerhälften wieder anbringen.

● Lenklagerspiel noch einmal kontrollieren, gegebenenfalls erneut nachstellen.

3.20 Batterie

Wie selbstverständlich verfügt die FZ 750 über einen E-Starter – Komfort, an den man sich gern gewöhnt. Deshalb muss die Batterie immer optimal in Schuss sein, um auch bei kalter Witterung ausreichend Energie liefern zu können.

- Säurestand alle 3 Monate prüfen.
- ⚠ In südlichen Ländern mit höheren Umgebungstemperaturen wegen erhöhter Verdunstung öfter kontrollieren.
- ⚠ Batterie-Elektrolyt enthält Schwefelsäure! Deshalb die Flüssigkeit nicht mit Kleidung in Berührung bringen. Falls Flüssigkeit in die Augen gerät, sofort gründlich mit Wasser spülen und unverzüglich Augenarzt aufsuchen!
- Sitzbank abnehmen (Kapitel 3.2).
- Batterie-Flüssigkeitsstand muss zwischen oberer und unterer Pegelmarkierung liegen (Bild 56).
- Bei zu niedrigem Stand oder zum Nachladen, Batterie ausbauen:
- ⚠ Zündung ausschalten, Masseleitung abklemmen und isolieren.
- Befestigungsgummi und Plusleitung ⑤ Bild 57 ausdrehen.
- Entlüftungsschlauch abziehen und Batterie herausnehmen.
- ⚠ Falls Batterie nachgeladen werden soll, destilliertes Wasser erst nach Ladevorgang bis MAX auffüllen! Vor Ladevorgang gegebenenfalls nur bis MIN nachfüllen.
- Zellenstopfen entfernen und destilliertes Wasser nachfüllen.
- Batterie wechseln, wenn sich am Batterieboden grünlicher Belag bildet oder Ablagerungen ansammeln.

3.20.1 Batterie laden

- ⚠ Maximaler Ladestrom darf 10% der Ladekapazität nicht überschreiten. Beispiel 14 Ah-Batterie: Ladestrom max. 1,4 Ampere; Ladezeit: 5 – 10 Stunden.
- Ladezustand der Batterie mit Säureheber prüfen; Säuredichte bei vollgeladener Batterie: 1,26-1,30 g/ml bezogen auf 20° C.
- Nach Laden Batterie leicht schütteln, damit Gasbläschen aufsteigen.
- Nach Beruhigung der Flüssigkeit evtl. destilliertes Wasser bis zur «MAX»-Markierung auffüllen.
- Verschluss-Stopfen fest eindrehen.

Inbetriebnahme von neuer Batterie

- Nach Befüllen Batterie ca. eine Stunde stehen lassen, Batterie leicht schütteln und Flüssigkeit bis «MAX» auffüllen.

Bild 57
Elektrikbauteile
1 Widerstand
2 Sicherungskasten
3 Starterrelais
4 Hauptsicherung
5 Pluskabel

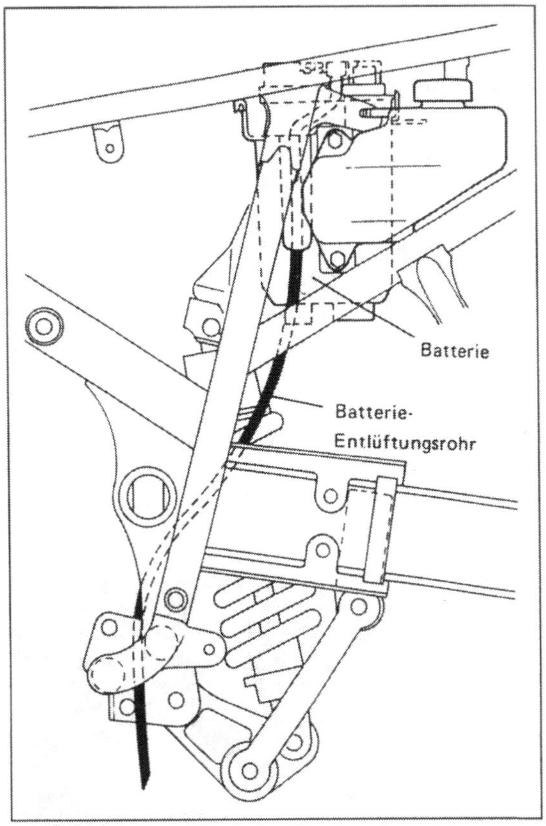

Bild 58
Batterie-Entlüftungsschlauch verlegen

- ⚠ Nach Befüllen der trocken vorgeladenen Batterie mit Säure erreicht sie nur 60% der Nennkapazität. Batterie also unbedingt laden! Lange Standzeiten gefüllter Batterien vermeiden. Batterie erst kurz vor Bedarf mit Säure befüllen.
- Anschlusspole der Batterie mit Polfett (säurefrei) balsamieren.
- Entlüftungsschlauch wie in Bild 58 gezeigt verlegen.

3.21 Scheinwerfereinstellung

- Motorrad mit korrektem Reifenluftdruck und Federbeineinstellung auf Solobetrieb auf Rädern stehend und mit Fahrer belastet in Abstand von 5 m (ab Vorderradmitte) vor heller Wand auf

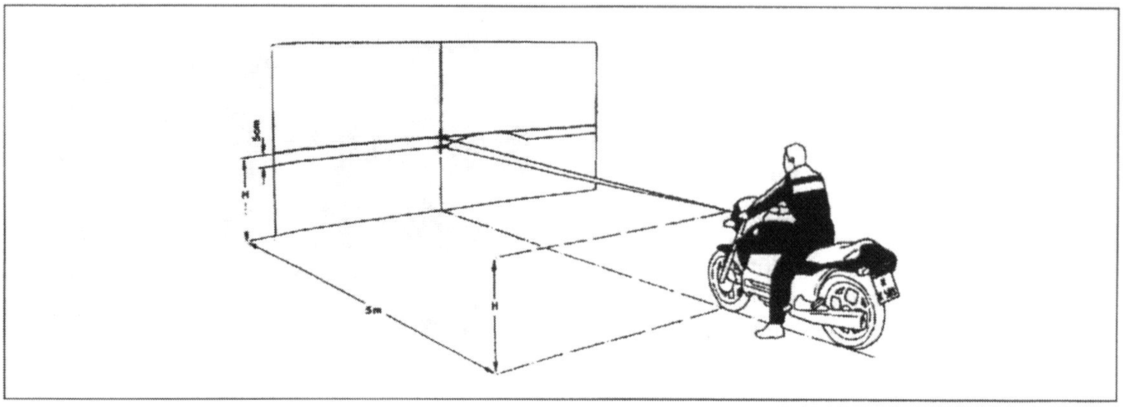

Bild 59
Scheinwerfereinstellung

ebenen Boden aufstellen (Bild 59).

- Abstand Boden / Scheinwerfermitte auf Wand übertragen und mit Kreuz markieren.
- Fünf Zentimeter unter diesem Kreuz zweites Kreuz zeichnen.
- Abblendlicht einschalten. Scheinwerfer mittels Stellmechanismus so einstellen, dass in Mitte des unteren Kreuzes «Hell-Dunkel-Grenze» beginnt, bis zur Höhe des oberen Kreuzes nach rechts ansteigt und dann wieder abfällt.
- Höheneinstellung:
- Einstellschraube Bild 60 an Unterseite des Scheinwerfers im Uhrzeigersinn drehen → Lichtkegel geht nach oben, gegen Uhrzeigersinn drehen → Lichtkegel geht nach unten.

Bild 60
Höheneinstellschraube des Scheinwerfers

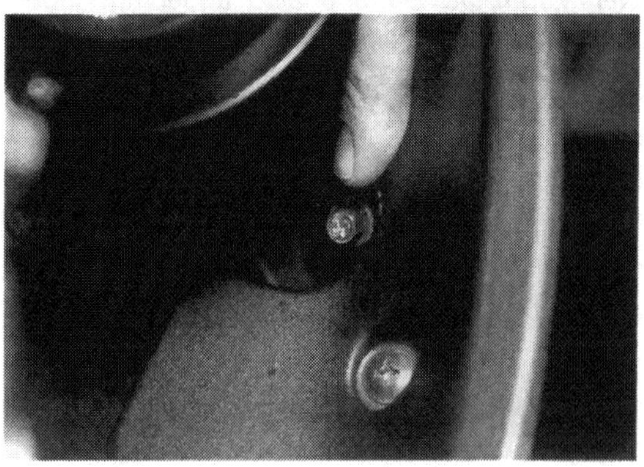

Bild 61
Seiteneinstellschraube des Scheinwerfers

- Seiteneinstellung:
- Einstellschraube Bild 61 im Uhrzeigersinn drehen → Lichtkegel geht nach rechts, gegen Uhrzeigersinn drehen → Lichtkegel geht nach links.

3.22 Seitenständer

- Federn auf Beschädigung und Ermüdung untersuchen. Seitenständer auf Leichtgängigkeit prüfen. Gelegentlich am Drehzapfen mit Motoröl abschmieren.

3.23 Muttern, Schrauben, Befestigungsteile

Im Lauf der Zeit kann es vorkommen, dass sich Muttern oder Schrauben am Motorrad durch feine Vibrationen lösen.

- Deshalb nach jeweils 12000 Kilometern im Rahmen einer Inspektion alle Fahrgestellmuttern und -schrauben auf vorgeschriebene Anzugsmomente kontrollieren.

3.24 Räder, Reifen

- Reifen dürfen keine Risse oder sonstige Beschädigungen aufweisen. Reifenluftdruck bei kalten Reifen messen, siehe techn. Daten Seite 83. Räder auf Schlag prüfen (Kapitel 16 und 17 Front- und Heckpartie).

Baugruppen

Demontage

Wie in Kapitel 3 gesehen, lassen sich alle routinemässigen Wartungsarbeiten bei eingebautem Motor erledigen. Lediglich Arbeiten an Kurbelwelle, Pleuel, Getriebe und Starterfreilauf machen eine Motordemontage erforderlich. Falls keine Motorhaltevorrichtung vorhanden ist und eine Totaldemontage ansteht, empfiehlt es sich, vor Motorausbau die Baugruppen Starter, Generator, Zylinderkopf, Kolben und Zylinder sowie Kupplung / Primärantrieb zu demontieren. Das senkt das Gewicht des Rumpfmotors und macht einen Helfer beim Herausheben des Motors zwar nicht überflüssig, aber er ist nicht mehr unabdingbar.
Bei der Auflistung der Arbeitsgänge wird von einer Totaldemontage ausgegangen. Deshalb bei Kupplungstrouble getrost Arbeitsgang «Vergaserdemontage» auslassen.

Prüfen und Vermessen

Die ganze Arbeit des Zerlegens nützt wenig, wenn die Teile nur nach augenscheinlicher Begutachtung wieder zusammengebaut werden.
Leider aber stösst der Privatmann beim Vermessen schnell an seine Grenzen, denn mit dem Mess-Schieber allein ist es nicht getan.
Nicht viele haben ihre private Werkstatt mit Messuhr, Messdornen oder Mikrometern in verschiedenen Weiten ausgerüstet, und es muss jeder für sich entscheiden, ob sich die Anschaffung dieser teuren Geräte lohnt.
Mit richtigem Messen allein ist es auch nicht getan, wenn der Verschleiss noch in der Toleranz liegt, aber andere, nicht messbare Verschleisserscheinungen oder Beschädigungen vorliegen. Deshalb vertraut der Unerfahrene diese wichtige Arbeit der Werkstatt an.

Montage

Nun liegt der Single also mit seinen Einzelteilen in Kisten, Kästen und Schubladen verpackt in der Werkstatt und wartet auf die Wiedererstehung.
Liegt das passende Werkzeug bereit? Sind die benötigten Ersatz- und Verschleissteile vollzählig besorgt? Sind alle Teile korrekt vermessen und auf Verschleiss geprüft worden?
Solange das Motorrad noch zerlegt herumliegt, sollte man sich nochmal ins Gewissen reden, denn jetzt lassen sich die Teile am einfachsten auswechseln. Also alles noch kritischer als sonst begutachten!
Wenn zum Beispiel ein Getriebezahnrad leichte Pitting – Bildung an den Zahnflanken aufweist, würde es bestimmt nochmal 10 000 Kilometer schadlos seine Arbeit verrichten. Aber dann zerbröselt es garantiert während der Urlaubsfahrt in Sizilien. Ein neues Zahnrad kostet nicht die Welt, teuer wird erst der Einbau.
Wenn wirklich alles bereit liegt, kann die Schrauberei beginnen, damit Stunden später ein neuwertiges Motorrad aus der Werkstatt rollt.

4 Vergaser

Bild 62
Schlauchgewirr
1 Kondensat-Absetzschlauch
2 Motorgehäuse-Entlüftungsschlauch
3 Kondensat-Absetzschlauch
4 Kraftstoffschlauch

Bild 63
Schwimmerkammer-Befestigungsschrauben ausdrehen

Bild 64
Geöffnete Schwimmerkammer mit Schwimmer, Haupt- und Leerlaufdüse

Bild 65
Befestigungsschrauben des Unterdruckdeckels

4.1 Demontage

- Kontrolle des Kraftstoffpegels (Schwimmerstand) erfolgt bei montierten Vergasern.
- Tank abbauen (Kapitel 3.2).
- Schlauchbänder zwischen Vergasern und Luftfiltergehäuse lockern (Bild 62) und Luftfiltergehäuse nach oben abnehmen.
- Geeignetes Auffanggefäss unter Schwimmerkammer-Ablass ③ Bild 33 stellen und Kraftstoff aus Schwimmerkammer nach Ausdrehen der Ablass-Schrauben ① Bild 33 ablassen.
- Kraftstoffschlauch ③ Bild 62 abnehmen und Schlauchbänder der Ansaugstutzen (zwischen Zylinderkopf und Vergasern) lockern. Vergaser nach oben herausziehen.
- Gasseilzug an Vergasern aushängen.
- Vergaser können zerlegt werden ohne sie trennen.
- Jeweils vier Schrauben von unten herausdrehen und Schwimmerkammerdeckel abnehmen (Bild 63).
- Schwimmer nach Herausziehen der Schwimmerachse entnehmen. Ventilsitz nach Ausdrehen der Befestigungsschraube entnehmen.
- Leerlaufdüse, Hauptdüse und Nadeldüse ausdrehen (Bild 64).
- Je vier Kreuzschlitzschrauben aus oberen Deckeln ausdrehen (Bild 65). Federn und Membrankolben entnehmen. Düsennadeln aus Kolben nach Ausdrehen der Kunststoff-Befestigungsschrauben im Kolbenboden herausschütteln.
- Chokekolben nach Ausdrehen der Überwurfmutter entnehmen (Bild 66).
- Leerlaufgemisch-Einstellschraube (Bild 67) ausdrehen.

4.2 Prüfen und Vermessen

- Unterdruckkolben und Gleitbahn im Vergasergehäuse dürfen keine Riefen, Kratzer oder sonstige Beschädigungen aufweisen. Schieber muss im Vergasergehäuse ungehindert und satt auf- und abgleiten können – ohne übermässiges

Spiel. Falls schwergängig: erneuern. Aufwerfungen vorsichtig mit feinem Schmirgelleinen (600er oder 800er) glattbügeln.

- Düsennadel auf Verschleiss untersuchen, sie darf keine Verbiegung, Anlaufstellen (Fingernagelprobe) oder sonstige Beschädigungen aufweisen. Entsprechend darf Nadeldüse keine Anlaufstellen aufweisen. Gegebenenfalls Düsennadel und Nadeldüse im Satz erneuern.
- Membran darf keine porösen Stellen oder Risse haben (gegen starke Lichtquelle halten). Falls defekt: austauschen.
- Alle Düsen mit Druckluft durchblasen, keinesfalls mit Nadel oder Draht reinigen! Filtersieb am Schwimmerventil nicht mit Druckluft ausblasen, sondern mit weichem Pinsel auswaschen.
- Schwimmerventil-Kegel darf keine Riefen oder Kerben haben (Bild 68).
- Schwimmer auf Verformungen oder auf Kraftstoff im Inneren untersuchen.
- Leerlaufgemisch-Regulierschraube auf Verschleiss oder Beschädigungen untersuchen.
- **Kraftstoffpegel** messen:
- Transparenten Schlauch (6 mm Innendurchmesser) an Schwimmerkammerablass anschliessen und wie in Bild 69 gezeigt verlegen.
- Kraftstoffhahn öffnen und Ablassschraube ③ Bild 33 öffnen.
- Motor starten und einige Minuten laufen lassen und abschalten.
- Kraftstoffpegel muss 8,3 ± 1,0 mm unter Schwimmerkammerlinie liegen (Bild 69).
- Falls Pegel nicht korrekt, durch leichtes Biegen der Schwimmerventil-Blechzunge am Schwimmer (Bild 70) Pegel richtigstellen.

4.3 Montage

- Vor Einbau der Düsen und Ventile sämtliche Durchlässe und Bohrungen mit Druckluft freiblasen.
- Chokekolben nicht zu fest in Gehäuse eindrehen.
- Nadeldüse ⑧ einsetzen und mit ① Bild 72 befestigen.
- Haupt- und Leerlaufdüse eindrehen (Bild 72).
- Schwimmerventilsitz ② mit einwandfreiem O-Ring befestigen.
- Schwimmergehäusedeckel mit neuem geöltem Dichtring, der sauber in Nut sitzt, versehen und von unten mit vier Schrauben befestigen.
- Grundeinstellung der Leerlaufgemisch-Einstellschraube (Bild 67): Schraube bis zum lockeren Aufsitzen eindrehen (nicht gegen Sitz anziehen! Schraube wird beschädigt!) und drei Umdrehungen herausdrehen.

Bild 66
Chokekolben ausdrehen

Bild 67
Leerlaufgemisch-Einstell-schraube

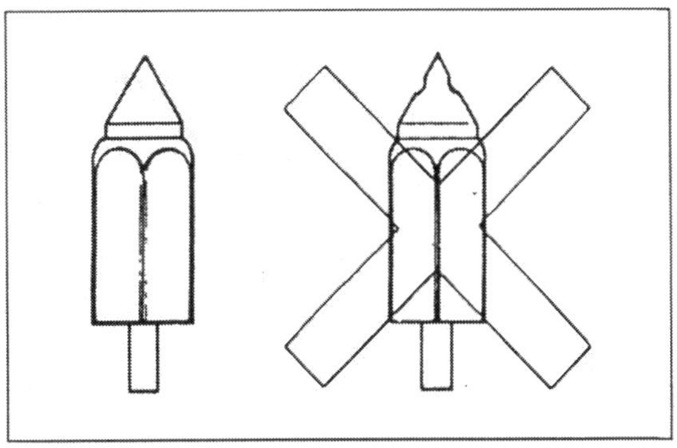

Bild 68
Schwimmerventil-Kegel darf keine Riefen oder Kerben aufweisen

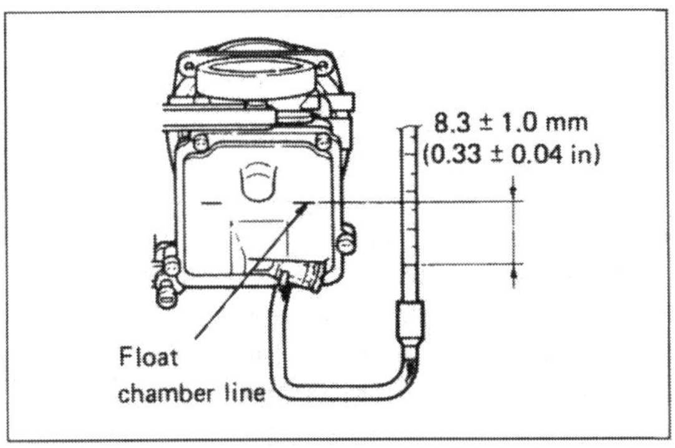

Bild 69
Kraftstoffpegel messen

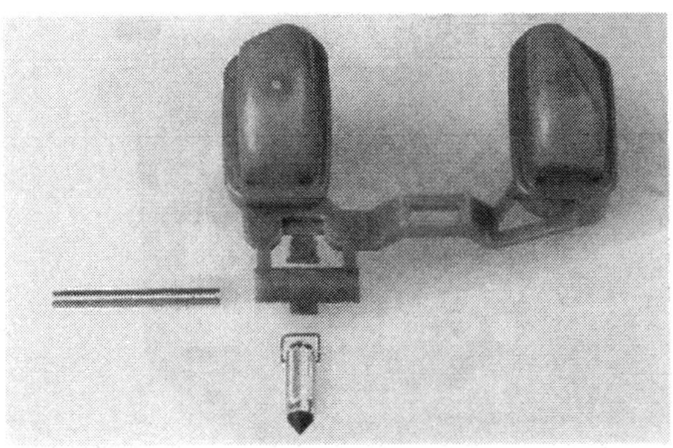

Bild 70
Schwimmer mit Achse und Ventilkegel

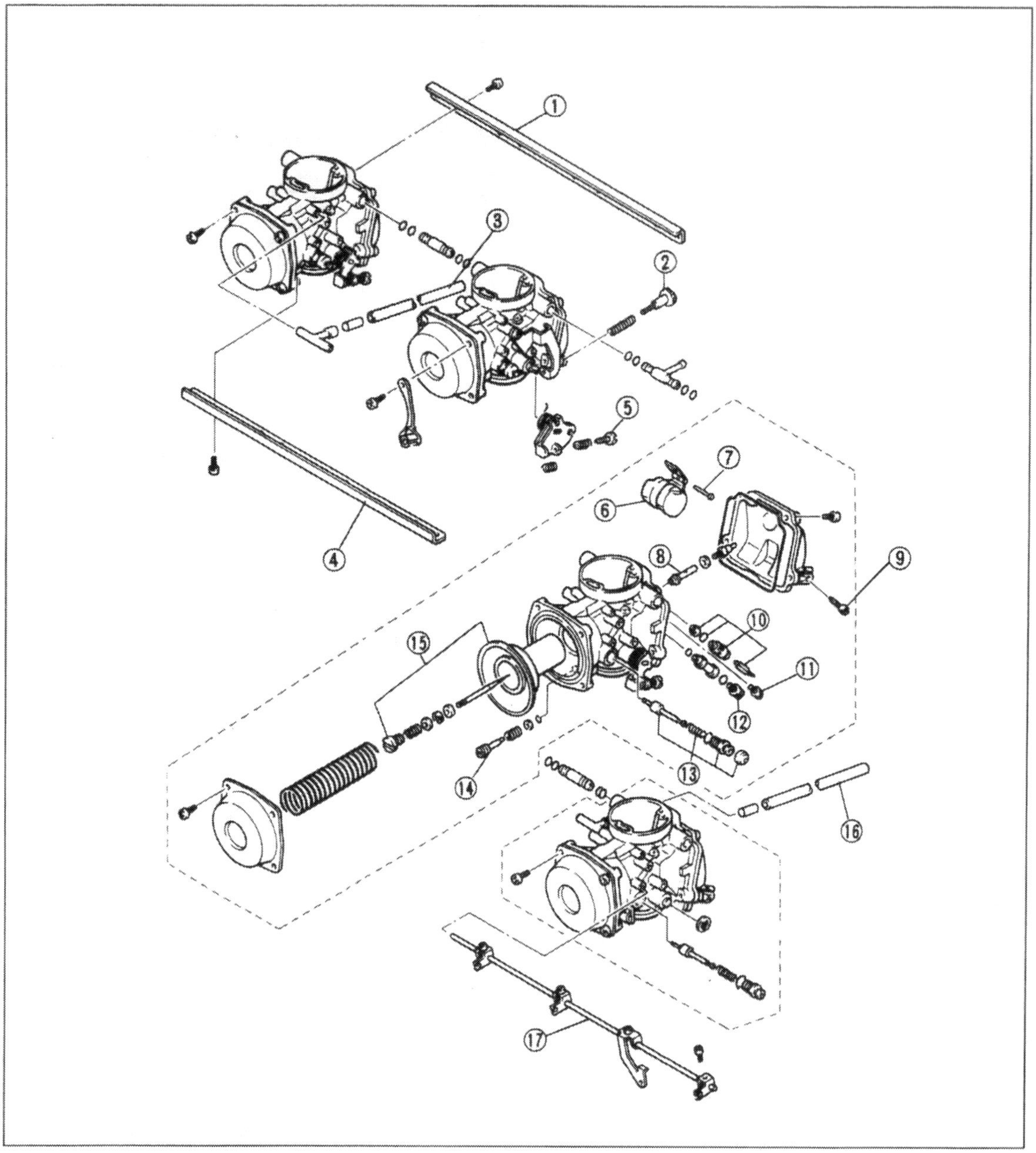

Bild 71
Vergaser
1 Hintere Verbindungsleiste
2 Leerlauf-Einstellschraube (Drosselklappen-Anschlag)
3 Schlauch
4 Vordere Verbindungsleiste
5 Abgleichschraube
6 Schwimmer
7 Schwimmerachse
8 Nadeldüse
9 Schwimmerkammer-Ablassschraube
10 Schwimmerventilsatz
11 Schraube
12 Hauptdüse
13 Chokekolben
14 Leerlaufgemisch-Einstellschraube
15 Membrankolben mit Düsennadel
16 Schlauch
17 Chokestange

● Düsennadel ⑤ Bild 73 so in Membrankolben ⑥ einsetzen, dass Nase an Kunststoffbuchse in Bohrung am Kolbenboden eingreift. Es folgen übrige Einzelteile Bild 73. Membrankolben so einsetzen, dass Membran sauber in Nut des Vergasergehäuses sitzt. Deckel mit Feder montieren.

● Vergaserbatterie wieder anbringen.

● Luftfiltergehäuse und Schläuche wieder anbringen (Bild 62).

● Leerlauf-, Abgleich- und Seilzugeinstellung siehe Kapitel 3.9.

Bild 72
Schwimmerkammer
1 Düsennadelhalter
2 Ventilsitz
3 Hauptdüse
4 Leerlaufdüse

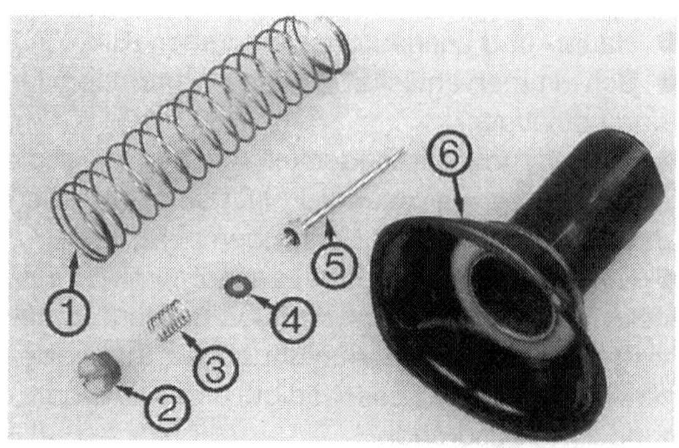

Bild 73 ▶
Vergaserteile
1 Feder
2 Schraube
3 Feder
4 Scheibe
5 Düsennadel
6 Membrankolben

5 Starter

5.1 Demontage

● Der Starter kann bei eingebautem Motor ausgebaut werden.
● ⚠ Bei ausgeschalteter Zündung zuerst negatives Kabel der Batterie abklemmen, bevor Arbeiten am Starter vorgenommen werden.
● Plus-Kabel von Starter trennen, zwei Befestigungsschrauben (Bild 74) herausdrehen und Starter unter Ruckeln nach links herausnehmen.

Bild 74
Starterbefestigungs-schrauben

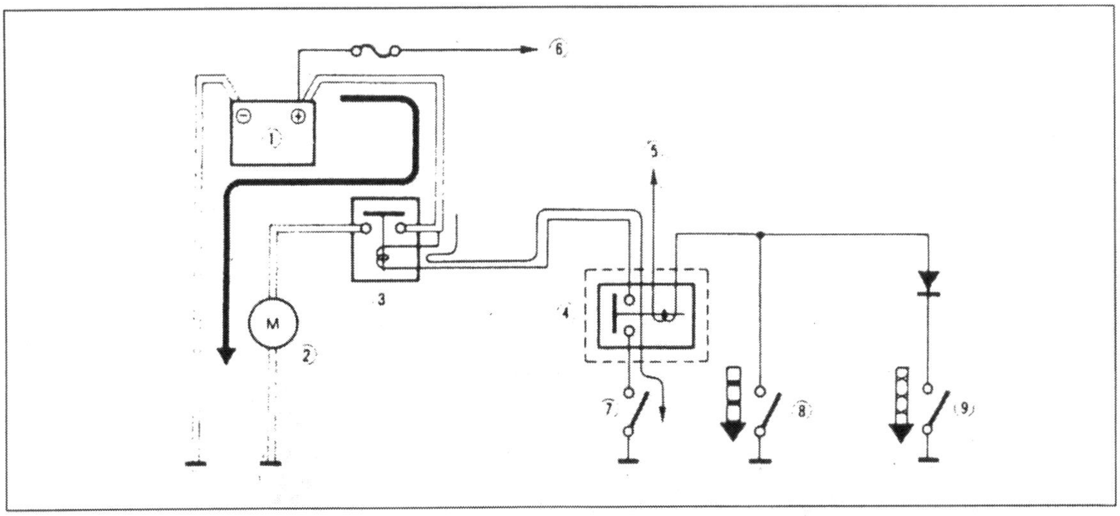

Bild 75
Startersystem
1 Batterie
2 Starter
3 Relaisschalter
4 Zündstromkreis-Relais
5 Zum Motorkillschalter
6 Zum Zündschloss
7 Starterschalter
8 Kupplungsschalter
9 Leerlaufschalter

● Zwei Gehäuseschrauben ausdrehen, Rück- und Frontdeckel abnehmen. Anker herausführen.
● ⚠ Anzahl und Lage der Beilagscheiben notieren.
● Demontage des Starterzwischenrads und des Starterfreilaufs sind in Kapitel 15 Kurbelwelle und Starterfreilauf beschrieben.

5.2 Prüfen und Vermessen

● Prinzipdarstellung des Startsystems siehe Bild 63.
● Profil- und O-Ringe auf Beschädigung überprüfen.
● Bürstenlänge messen, Verschleissgrenze 5 mm (Bild 76).
● Es darf kein Stromdurchgang zwischen Kabelanschluss und Gehäuse bestehen. Stromdurchgang zur Minusbürste ist normal.
● Stromdurchgang zwischen einzelnen Kollektorlamellen ist normal, bei Stromdurchgang zwischen Kollektorlamelle und Ankerwelle Anker auswechseln.
● Kollektorlamellen dürfen keine Verfärbungen aufweisen; paarweise verfärbt deuten sie auf

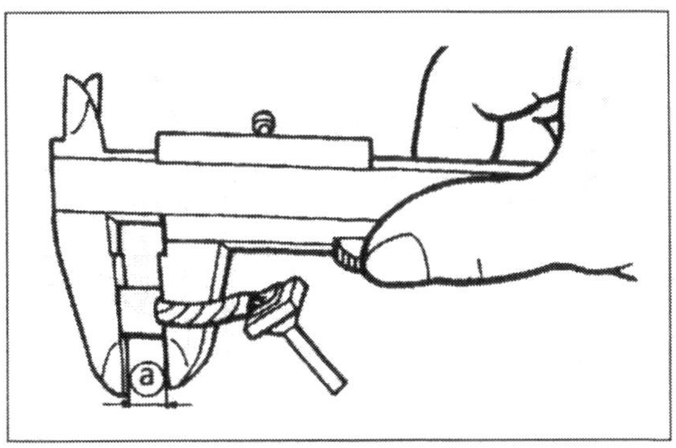

Bild 76
Bürstenlänge messen
a – Minimum 5,0 mm

Bild 77
Glimmerunterschneidung
b – 1,6 mm

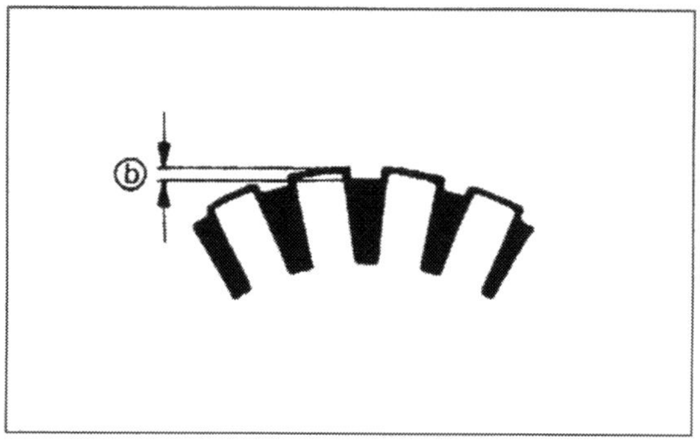

Bild 78 ►
Testen des Starterrelais. Prinzipdarstellung: rot / weisses Kabel ist bei FZ an Pluspol der Batterie angeschlossen:
1 Batterie
2 Kabelfarbe: rot / weiss
3 Überbrückungskabel
4 Kabelfarbe: blau / weiss

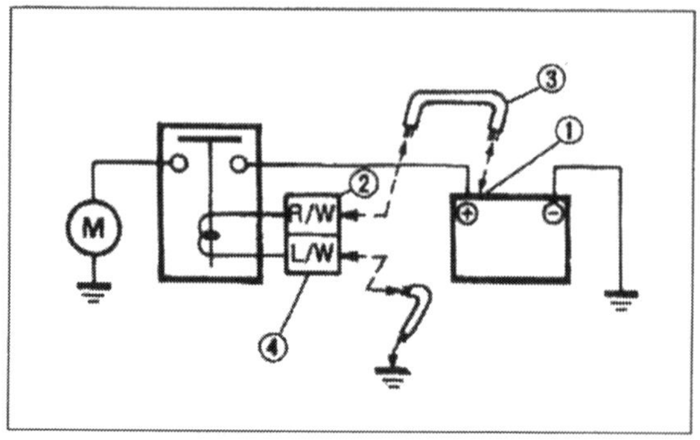

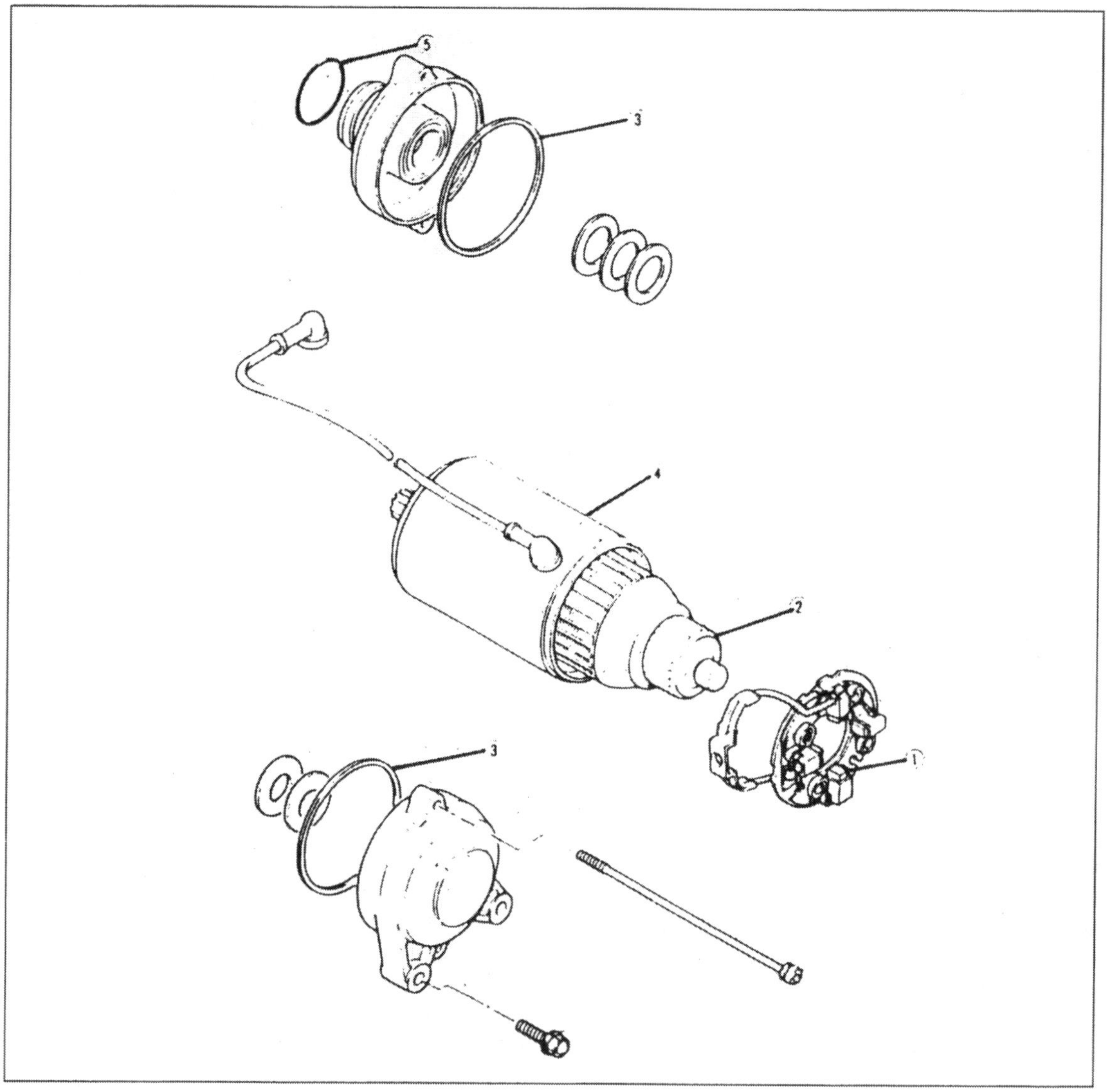

Bild 79
Starter
1 Kohlebürste
2 Anker
3 O-Ring
4 Gehäuse
5 O-Ring

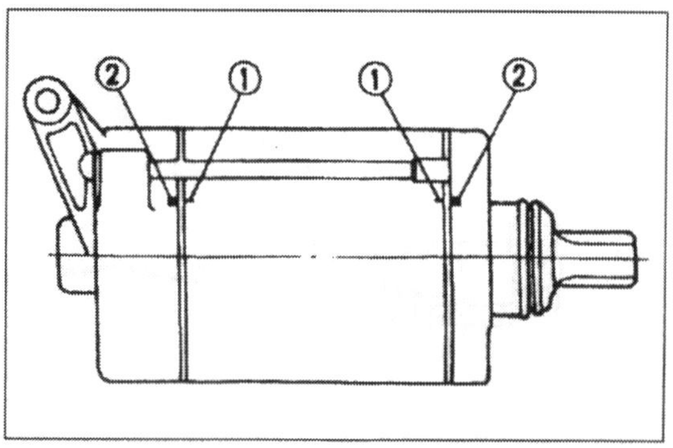

Bild 80
Startermarkierungen
1 Gehäusemarkierungen
2 Gehäusemarkierungen

geerdete Ankerwicklungen hin.

● Spalttiefe zwischen einzelnen Kollektorlamellen (Glimmerunterschneidung) muss mindestens 0,8 mm betragen (Bild 77). Gegebenenfalls mit Metallsägenblatt tiefer bringen. Anschliessend mit 600er Schmirgelleinen abziehen.

Zur Prüfung des **Startmagnetschalters** (Einbaulage Bild 57) müssen, wie zu allen anderen aussagefähigen Messungen des Elektrik-Systems auch, die Stecker auf Wackelkontakte oder korrodierte Kontaktstifte untersucht werden.

● Starterrelais wie in Bild 78 dargestellt mit Strom versorgen → Starter muss arbeiten.

5.3 Montage

● Bürstenhalterplatte ① an Gehäuse anbringen.

● TIP Damit Anker ohne Beschädigung der Kohlebürsten montiert werden kann, Bürstenfedern und Bürsten beim Einführen des Ankers in Führungen eindrücken (geht am besten mit vier Händen).

● Anker in Gehäuse einführen.

● Beilagscheiben in der bei der Demontage gemachten Anzahl montieren, O-Ringe ③ aufsetzen und Gehäusedeckel so anbringen, dass Markierungen wie in Bild 80 gezeigt fluchten.

● O-Ring geölt in Nut des Frontdeckels einsetzen, Starter in Motor einbauen und anschliessen.

6 Generator

6.1 Demontage

- Generator muss zur Erneuerung des Reglers und der Kohlebürsten nicht ausgebaut werden.
- Drei Hutmuttern SW 8 Bild 81 audrehen und Deckel abnehmen.
- Kohlebürsten nach Ausdrehen der Schrauben ①, ② und ③ Bild 82 abnehmen.
- Regler ③ nach Ausdrehen der Befestigungsschrauben abnehmen.

Bild 81
Befestigungsschrauben des Generators

Bild 82
Generator. Schrauben
1, 2 und 3 für Bürstenhalter;
4 Regler
5 Anschlüsse der Statorwicklungen

Bild 83
Befestigungsschrauben von Kabelhalter 1 und Zündpickup 2

- Generatorstecker trennen und Kabel freilegen.
- Drei Befestigungsschrauben (Pfeile in Bild 81) ausdrehen (untere Schraube ist nur mit Viertelzoll-Nuss und Gelenk erreichbar – sonst muss Kühlmittelschlauch abgebaut werden!) und Generator abnehmen.

6.2 Prüfen und Vermessen

Vollständiger Stromlaufsplan siehe Seite 95.

- Vor Prüfung des Ladesystems müssen Stecker auf Wackelkontakte oder korridierte Kontaktstifte untersucht werden.
- Zur **Messung der Regelspannung** muss Batterie in gutem Zustand (Batteriespannung mindestens 12,8 V) und Motor auf Betriebstemperatur sein. Voltmeter an Batterie (positive Messspitze an Pluspol; negative an Minuspol) anschliessen (Bild 83). Drehzahl allmählich erhöhen. Spannung bei 5000/min muss sich auf 13,5 – 15,3 Volt einregeln.
- Falls sich Regelspannung nicht einstellt und auch Ladespulen in Ordnung sind, Anschlüsse des Reglers ③ kontrollieren. Gegebenenfalls Regler ersetzen.
- Widerstand der Statorspulen-Anschlüsse ⑤ Bild 82 untereinander messen (drei Messungen). Sollwert 0,2.
- Bürstenlänge muss mindestens 4,5 mm betragen.
- Feldwicklungen des Generators sind in Ordnung, wenn kein Masseanschluss besteht und Stromdurchgang (Sollwert 5) zwischen Schleifflächen besteht.

6.3 Montage

- Regler und Bürstenhalter anbringen (Bild 82). Deckel aufsetzen und Hutmuttern eindrehen.
- Generator an Motorgehäuse anbringen. Dabei darauf achten, dass Rotor richtig in Antriebswelle eingreift. Drei Befestigungsschrauben eindrehen (Bild 81) und Stecker anschliessen.

7 Zündsystem

7.1 Demontage

- Kabelhalter ① Bild 83 abnehmen und Zünd-Pickup ② ausbauen.
- Einbaulage der Zündspulen siehe Bild 28 Seite 16.
- Einbaulage der Zündbox siehe Bild 84 und ② Bild 2.

7.2 Prüfen und Vermessen

Bei **Prüfung der Zündspule** sind gemessene Widerstandswerte mit Vorsicht zu geniessen, da eine schadhafte Zündspule «im Trockenen» durchaus Sollwerte aufweisen kann, im Betrieb aber durch Erwärmung Zündfunken überall hingeben kann, nur nicht an Zündkerze.

- Zündspule braucht zur Widerstandsmessung nicht ausgebaut zu werden. Widerstand der Primärwicklung zwischen Steckkontakten der Zündspule messen. Sollwert: 2,7.
- Widerstand der Sekundärwicklung ohne Kerzenstecker: 9,5 kΩ.
- Widerstand der Zündkerzenstecker muss 10 kΩ betragen.
- Zur **Widerstandsmessung der Zündimpulsgeberspulen** Stecker abziehen. Widerstand zwischen orangenem und schwarzem Kabel (Zylinder 1 und 4) bzw. grauem und schwarzem Kabel (Zylinder 2 und 3) muss bei 190 Ω liegen.

Hat sich nach oben stehenden Prüfungen und Messungen immer noch kein Zündfunke eingestellt, steht eine Erneuerung der Zündbox an.

Bild 84
Zündbox

Wer sicher gehen will, dass auch wirklich nur Schrott weggeschmissen wird, kann Zündbox in einer YAMAHA-Werkstatt, die über entsprechendes Messgerät verfügt, durchmessen lassen.

- TIP Praxisgerechter ist Probeaustausch der Zündbox gegen bekanntermassen funktionstüchtiges Exemplar.

7.3 Montage

- Zünd-Pickup mit einwandfreiem O-Ring anbringen (Bild 83).

8 Kupplung, Ölpumpe und Schaltautomat

Bild 85
Kupplungsdeckelschrauben

Bild 86
Schrauben schrittweise über Kreuz ausdrehen

Bild 87
Überprüfen der Drahtsicherung

Bild 88
Kupplungshalter ansetzen und Mutter aus- / eindrehen

8.1 Demontage

- Motoröl ablassen oder Maschine nach links lehnen.
- Gehäusedeckelschrauben SW 8 schrittweise über Kreuz ausdrehen (Bild 85). Deckel abnehmen.

Falls schwergängig, vorsichtig Gummihammer zu Hilfe nehmen. Auf Verbleib der zwei Passhülsen achten.

- Befestigungsschrauben der Kupplungsfedern schrittweise über Kreuz ausdrehen (Bild 86). Druckplatte, Lager und Kugel entfernen; Stahl- und Reibscheiben der Kupplung abnehmen.
- Ab 1987 weist Kupplung eine Dämpfungsvorrichtung auf, die «normalerweise» nicht demontiert wird. Falls doch: Drahtsicherung (Bild 87) ausfedern. Es folgen Stahlscheibe, Federteller und Federsitz.
- Blechlasche der Kupplungsmutter flachbiegen, mit Universalkupplungshalter Kupplungsnabe gegenhalten und Kupplungsmutter ausdrehen (Bild 88).
- Kupplungsnabe abnehmen.
- Zwei M5-Schrauben in Distanzhülse des Kupplungskorbs eindrehen und Distanzhülse herausziehen (Bild 89). Dabei Kupplungskorb festhalten, damit dieser nicht auf Hauptwelle «kracht».
- Kupplungsnehmerzylinder abnehmen (Befestigungsschrauben mit Pfeil in Bild 90 ausdrehen). Handpumpe und Nehmerzylinder wie Bremsanlage zerlegen (Seite 60).
- Ritzelabdeckung abnehmen (Befestigungsschrauben mit Pfeil in Bild 91 ausdrehen).
- Kunststoffhülse von Schaltwelle abziehen und E-Ring von Schaltwelle aushebeln (Bild 92).
- Kupplungsdruckstange nach links herausziehen.
- Schaltwelle ① Bild 93 nach rechts herausziehen.
- **Ölpumpe** nach Ausdrehen der drei Befestigungsschrauben abnehmen (Bild 94). Auf Verbleib der Passhülse achten!
- Ölpumpengehäuse nach Ausdrehen der Schraube Bild 95 zerlegen.
- Schaltwalzenarretierung (Bild 96) nach Ausdrehen der Befestigungsschraube abnehmen.

◄ **Bild 89**
M5-Schrauben eindrehen und Distanzhülse herausziehen

Bild 90
Befestigungsschrauben des Kupplungsnehmerzylinders
1 Entlüftungsventil

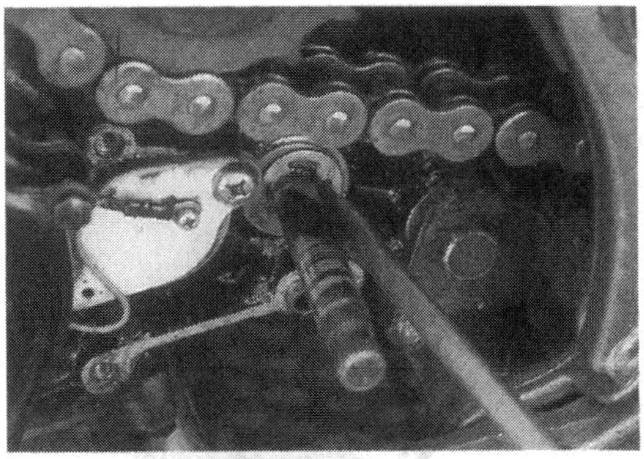

◄ **Bild 91**
Befestigungsschrauben der Ritzelabdeckung

Bild 92
E-Ring ausfedern

◄ **Bild 93**
Schaltwelle 1,
Markierungspfeile 2 und
Ölpumpenantriebsrad 3

Bild 94
Ölpumpenschrauben ausdrehen

◄ **Bild 95**
Gehäuseschraube an Pumpenrückseite

Bild 96
Schaltwalzen-Arretierung

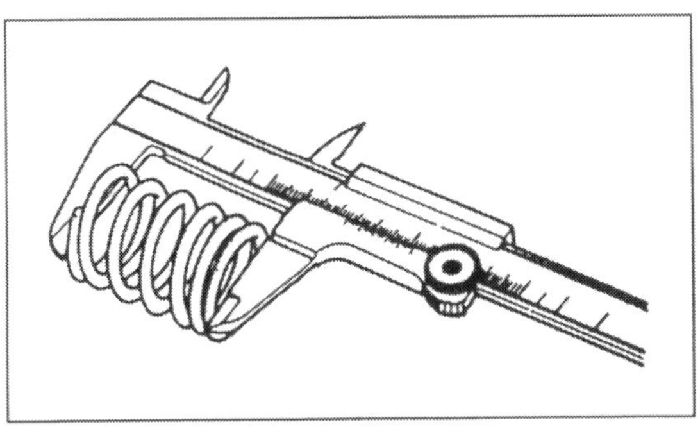

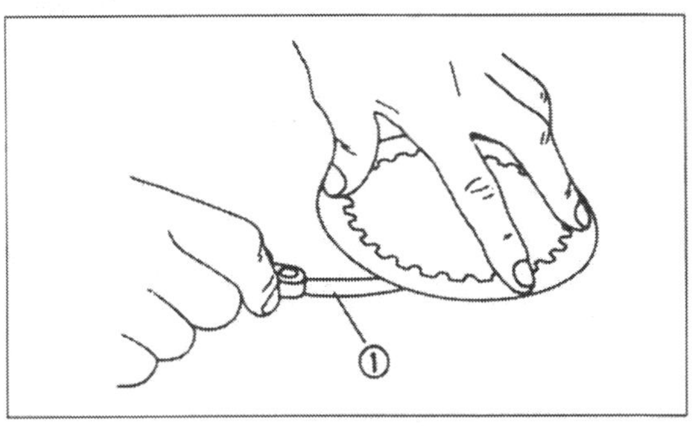

◄ **Bild 97**
Kupplungsfeder messen

Bild 98
Kupplungsscheiben auf Verzug prüfen
1 Fühlerlehre

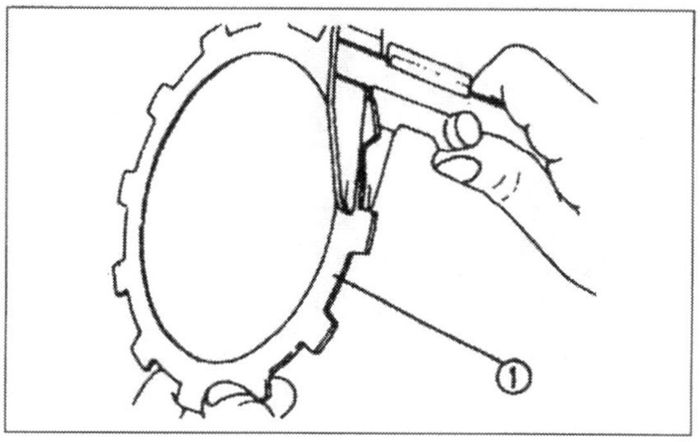

Bild 99
Dicke der Kupplungsscheiben messen
1 Reibscheibe

Bild 100 ►
Schlitze und Nuten auf Kerben prüfen. Hier nach harten Wheelie-Training

8.2 Prüfen und Vermessen

- Ungespannte Länge der Kupplungsfedern messen, Verschleissgrenze 54,0 mm (Bild 97). Kupplungsfedern im Satz wechseln.
- Reib- und Stahlscheiben auswechseln, wenn sie Anzeichen von Riefen oder Verfärbung aufweisen. Stahlscheiben auf Richtplatte mit Fühlerlehre auf Verzug prüfen (Verschleissgrenze 0,10 mm; Bild 98). Scheiben immer im Satz auswechseln.
- Dicke der Kupplungsreibscheiben messen (Bild 99). Sollwert 2,9 – 3,1 mm; Verschleissgrenze 2,5 mm.
- Schlitze im Kupplungskorb und -Nabe dürfen keine von Scheiben verursachten Riefen, Kerben oder Scharten aufweisen (Bild 100). Ge-

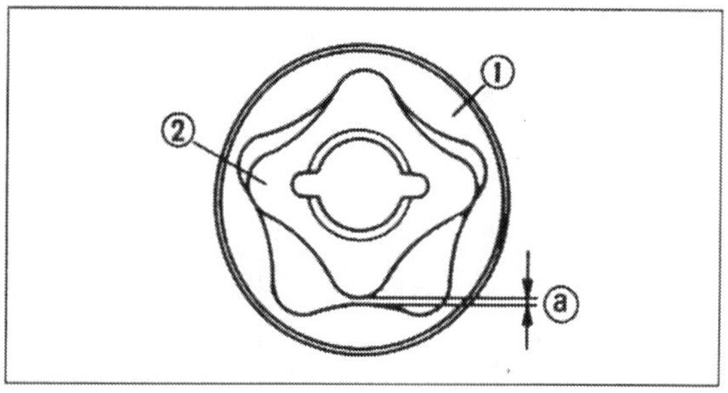

Bild 101
Ölpumpe messen
1 Äusserer Rotor
2 Innerer Rotor
a – 0,17 mm

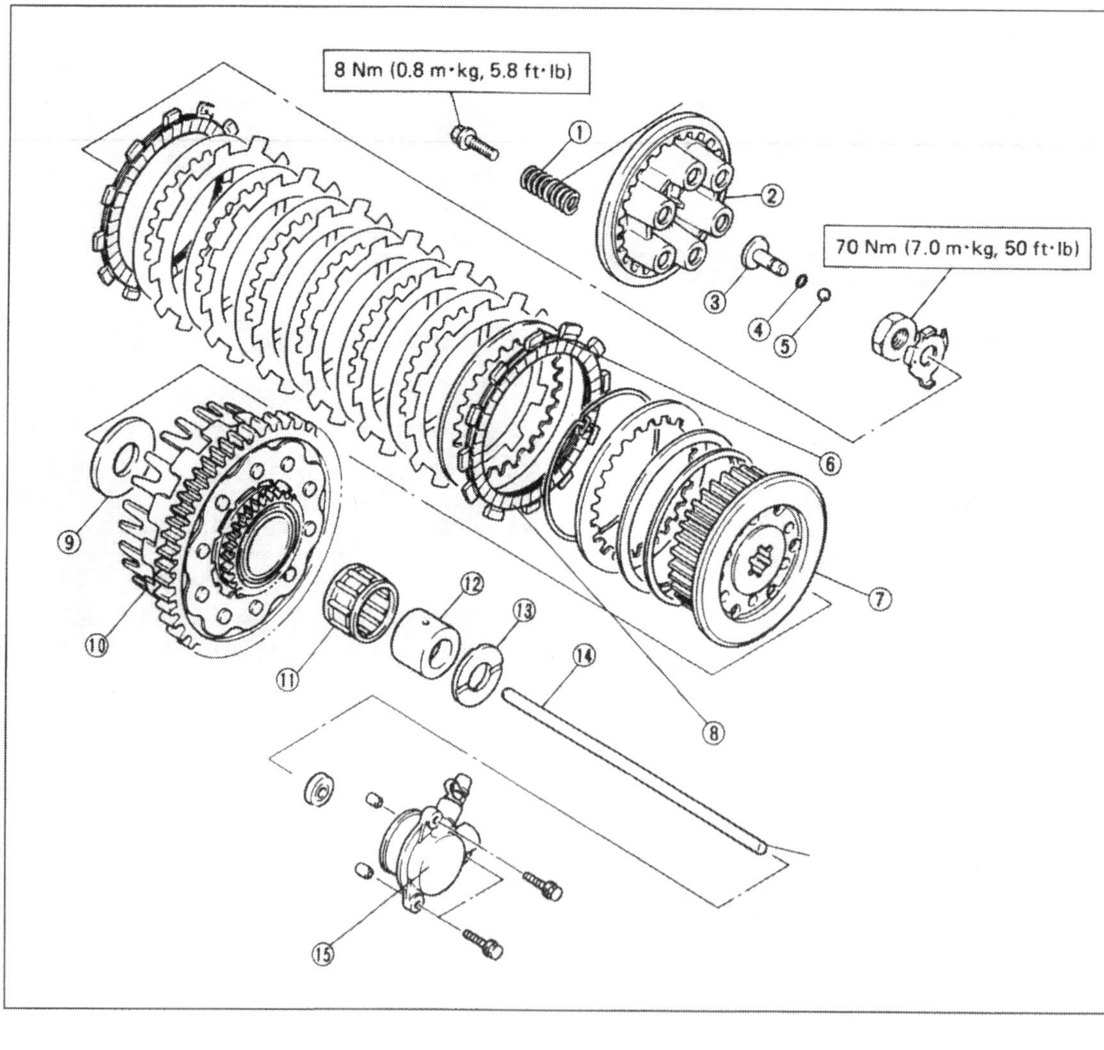

Bild 102
Kupplung
1 Feder
2 Druckplatte
3 Ausrücklager
4 O-Ring
5 Kugel
6 Stahlscheibe
7 Nabe
8 Reibscheibe
9 Anlaufscheibe
10 Kupplungskorb
11 Nadellager
12 Distanzhülse
13 Anlaufscheibe genutet
14 Druckstange
(rundes Ende nach links)
15 Nehmerzylinder

gebenenfalls mit Schlüsselfeile begradigen.

● Zahnräder von Kupplung, Primärtrieb und Ölpumpen-Antrieb auf aussergewöhnliche und übermässige Abnutzung oder Beschädigung untersuchen. Auch bei aussergewöhnlichen Geräuschen beim Ablaufen Zahnräder paarweise ersetzen.

● Kupplungsausrücklager auf ruckfreien ungehinderten Lauf prüfen (Fingerprobe).

● Kupplungsdruckstange in Prismen einlegen und mit Messuhr Schlag messen. Verschleissgrenze 0,3 mm.

● **Ölpumpe**: Spiel zwischen Aussenrotor ① Bild 101 und Gehäuse mit Fühlerlehre messen. Sollwert 0,09 – 0,15 mm. Spitzenspiel a der Rotoren muss 0,09 – 0,15 mm betragen. Seitenspiel der Rotoren muss 0,03 – 0,08 mm betragen. Falls ausserhalb der Toleranz Ölpumpe ersetzen.

● Klauen und Zapfen der Schaltwalze und Welle auf Beschädigung und übermässigen Verschleiss untersuchen. Gegebenenfalls ersetzen.

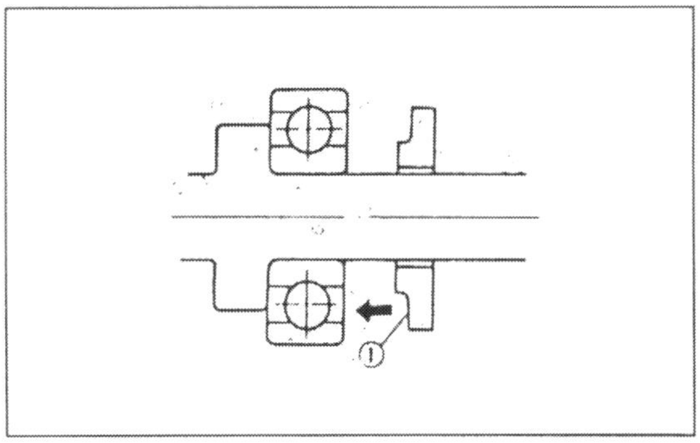

Bild 103
Scheibe mit Absatz 1

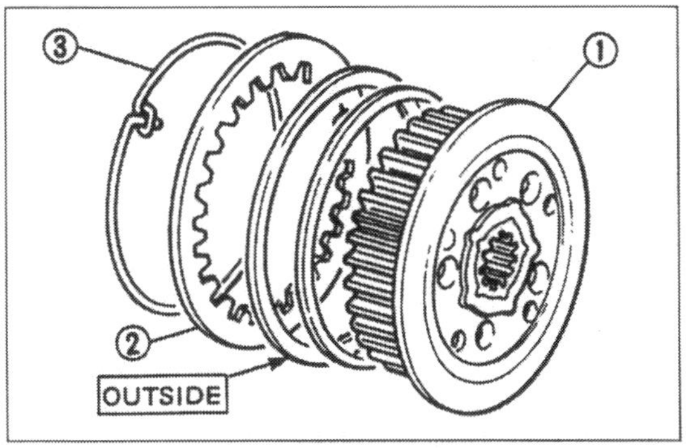

Bild 104
Federsitz, Feder und Drahtsicherung anbringen (siehe Text)

8.3 Montage

● Falls Schaltwalzen-Arretierung (Bild 96) demontiert, Befestigungsschraube mit flüssiger Schraubensicherung eindrehen (10 Nm).

● Schaltwelle leicht gefettet einschieben und E-Ring (Bild 92) einfedern.

● Ölpumpe mit neuer Dichtung und Passhülse so anbringen, dass Motorgehäuse-Pfeil und Pumpenpfeil ② Bild 93 miteinander fluchten. Falls Kühlmittelpumpe montiert, Ölpumpenwelle auf Schlitz der Kühlmittelpumpe ausrichten (beim Ansetzen der Pumpe Pumpenzahnrad drehen).

● Kupplungsdruckstange ④ Bild 102 so einsetzen, dass abgerundete Seite nach links (zum Nehmerzylinder) weist.

● Anlaufscheibe mit Absatz so an Hauptwelle anbringen, dass Absatz zum Lager weist (Bild 103).

● Kupplungskorb ⑩ auf Hauptwelle aufsetzen und Distanzhülse und Nadellager gefettet einschieben. Es folgen Scheibe und Kupplungsnabe ⑦. Neues Sicherungsblech auflegen und Kupplungsnabe mit Universalkupplungshalter gegenhalten.

Kupplungsmutter anziehen (70 Nm) und Blechlasche an Mutter anlegen.

● Federsitz, Feder und Drahtsicherung wie Bild 104 gezeigt anbringen.

● ⚠ Neue Belagscheiben mit sauberem Motoröl schmieren.

● Belag- und Stahlscheiben abwechselnd einsetzen.

● Falls Reibscheiben mit Nut versehen, Schei-

Bild 105
Einbaulage der Reibscheiben mit Nut

Bild 106
Ausrücklager mit O-Ring leicht gefettet einsetzen

Bild 107
Punktmarkierungen müssen fluchten

ben so einlegen, dass Nuten zwischen markierten Schlitzen des Kupplungskorbs liegen (Bild 105).

● Kugel leicht gefettet einsetzen. Es folgt Ausrücklager (Bild 106).

● Druckplatte ② Bild 102 so anbringen, dass Körnermarkierungen fluchten (Bild 107).

● Federn einsetzen und Druckplatte schrittweise über Kreuz anziehen (Bild 86).

● Kupplungsgehäusedeckel mit neuer Dichtung und zwei Passhülsen anbringen. Schrauben (Bild 85) schrittweise über Kreuz anziehen.

9 Zylinderkopf

9.1 Demontage

● Nockenwellen und Tassenstössel wie in Kapitel 3.6 beschrieben ausbauen.
● ⚠ Darauf achten, dass Teile von linkem Ventil nicht mit rechtem vertauscht werden.
● Kühlmittelrohre (Bilder 108 und 109) und Ölleitung (Bild 22 Seite 14) abnehmen.
● Auspuffkrümmer abbauen.
● Befestigungsschrauben des Zwischenbanketts (Bild 110) ausdrehen und Bankett abnehmen.
● Zylinderkopfmuttern entgegen der in Bild 111 angegebenen Reihenfolge schrittweise jeweils um 1/4 Umdrehung lockern, dann ganz ausdrehen. Unterlegscheiben abnehmen.
● TIP Falls Zylinderkopf festgebacken, helfen leichte Gummihammerschläge in Gegend von Ein- und Auslass, um Kopf zu lockern. Nicht auf Kühlrippen schlagen! Kopf nach oben abnehmen. Auf Verbleib der zwei Passhülsen achten!
● ⚠ Vor Ausbau der Ventile Dichtheit der Ventilsitze prüfen (Kapitel 9.2).
● Ventile mit Ventilfederhalter ausbauen (Bild 112). Ventilfedern nur soweit zusammendrücken, bis Ventilkeile mit Pinzette oder Magnetheber entfernt werden können oder herausfallen. Teile nicht mischen und so aufbewahren, dass sie in ursprünglicher Einbaulage wieder montiert werden können!
● Vor Entnahme der Ventile, Ventilkeilnuten auf Aufwerfungen oder Grate untersuchen (Bild 113). Gegebenenfalls mit feinem Ölstein Grate entfernen, da sonst Ventilführungen zerschrammt werden.
● Ventilschaftdichtungen mit Zängchen abziehen.

Bild 108
Befestigungsschrauben des Kühlmittelrohrs

Bild 109
Kühlmittelrohr-Befestigung

Bild 110
Befestigungsschrauben des Zwischenbanketts

9.2 Prüfen und Vermessen

● Steuerketten-Führungsschienen auf Beschädigung und übermässigen Verschleiss prüfen.
● Jedes Ventil auf Verbiegung, Kratzer und anormalen Verschleiss am Schaft untersuchen.

Bild 111
Anzugsreihenfolge der Zylinderkopfschrauben

Bild 112
Ventilfederhalter im Einsatz

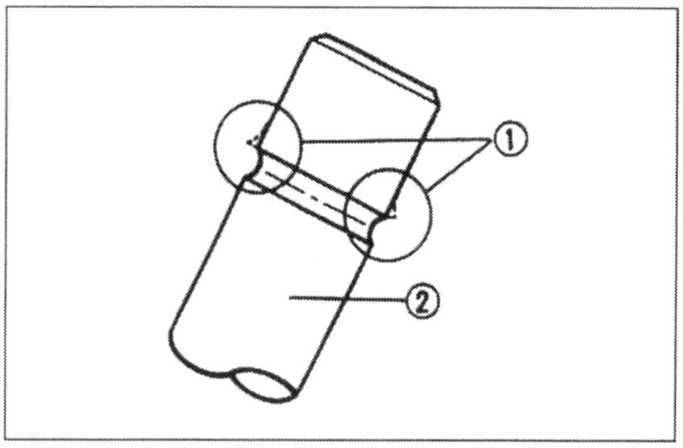

Bild 113
Ventilkeilnuten auf Aufwerfungen untersuchen
1 Aufwerfungen

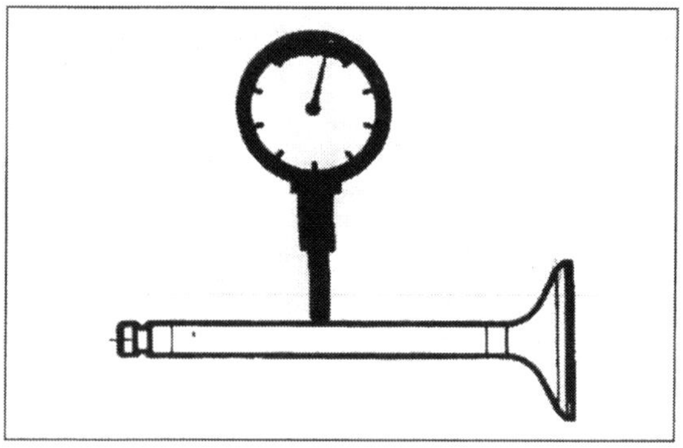

Bild 114
Ventilschlag messen

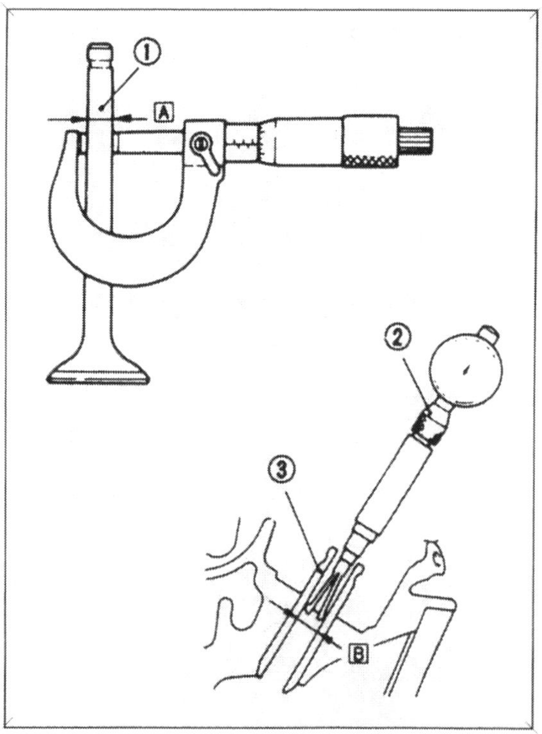

Bild 115
Ventil und Ventilführung messen
1 Ventilschaft
2 Innentaster
3 Ventilführung
A – Schaftdurchmesser
B – Innendurchmesser Ventilführung

Jedes Ventil muss in seiner Führung sauber gleiten.

- Ventildichtflächen am Ventil und Zylinderkopf auf abnormalen Verschleiss (Grübchenbildung oder Ausbrüche) untersuchen. Ventilsitz muss glattes und riefenfreies Tragbild zeigen. Falls Sitzfläche am Ventilteller verbrannt oder ungleichmässigen Kontakt mit Ventilsitz hat, Ventil erneuern. Gegebenenfalls Ventil erneuern und Sitz im Kopf neu fräsen lassen.
- Schlag der Ventilschäfte wie in Bild 114 gezeigt messen; maximal zulässiger Schlag 0,01 mm.
- Durchmesser des Ventilschafts und Innendurchmesser der Führung messen (Bild 115). Verschleissgrenze Ventilschaftspiel / Einlass 0,08 mm; Auslass 0,10 mm.
- Falls Ventilschaft zu dünn, mit neuem Ventil prüfen, ob Spiel wieder in Toleranz ist. Ventilsitz in jedem Fall im Fachbetrieb auf neues Ventil einschleifen lassen.
- Schliesst ein Ventil nicht einwandfrei dicht ab, Ventilsitz läppen (Prüfung: Zylinderkopf senkrecht halten und bei eingebautem Ventil in Einlass- oder Auspuffkanal Kraftstoff giessen, am Ventil darf nichts auslaufen).
- Läppmittel auf Ventilsitz auftragen, Ventil von innen mit speziellem Gummisauger oder von aussen mit Schlauchstück und Holzstift quirlen (mit 2 – 3 kg Druck). Läppmittel darf nicht zwischen Ventilschaft und Führung geraten! Genügt Nachläppen nicht zum Abdichten, Ventil erneuern oder Dichtfläche in Fachbetrieb überschleifen lassen.
- ⚠ Ist Ventilsitzring im Zylinderkopf oder Ventil zu breit oder zu schmal, muss er in Fachwerkstatt neu gefräst werden; Sollventilsitzbreite: 1,0 ± 0,1 mm; Verschleissgrenze 1,8 mm.
- Fräswinkel werden von YAMAHA mit 20°, 45° und 60° angegeben.
- Ventilschaftende darf keinen abnormalen Verschleiss (Ausbrüche oder Aufwerfungen) aufweisen. Gegebenenfalls kann Schaftende im Fachbetrieb nachgeschliffen werden.
- Ungespannte Länge der Ventilfedern messen. Verschleissgrenze Einlassventilfeder: 39,76 mm; Auslassventilfeder: 39,96 mm.
- Spiel der Nockenwellenlager mit Kunststoff- (Plastigage-) Streifen messen (Verschleissgrenze 0,150 mm).
- Dazu Messstreifen in ölfreies geöffnetes Lager legen, Welle einsetzen, Lagerdeckel aufsetzen und mit vorgeschriebenem Drehmoment anziehen (10 Nm Kapitel 3.6). Welle nicht drehen!
- Nach Wiederöffnen Lagerspiel an Quetschbreite des Streifens ablesen (je breiter Streifen, desto geringer Spiel). Sollwert 0,05 – 0,084 mm. Gegebenenfalls Nockenwelle austauschen und Lagerspiel erneut überprüfen. Falls

Spiel noch immer Verschleissgrenze überschreitet, müssen Zwischenbankett und Lagerdeckel ausgewechselt werden.

- Lauf- und Lagerflächen und Nockenwelle auf Riefen, Beschädigungen oder Anzeichen unzureichender Schmierung untersuchen. Ölbohrungen dürfen nicht verstopft sein.
- Nockenhöhe messen. Sollwerte und Verschleissgrenzen siehe Technische Daten ab Seite 84.
- Mit Dreikantschaber Ölkohleablagerungen aus Brennraum entfernen (keine Kratzer hinterlassen!). Bereich zwischen Zündkerzengewinde und Ventilführungen auf Risse kontrollieren.
- Schlag der Nockenwelle mit Messuhr am mittleren Lagerzapfen messen; Verschleissgrenze 0,10 mm.
- Mit Haarlineal Zylinderkopf, Zylinderdichtfläche und Zylinderkopfdeckel in mehreren Richtungen auf Verzug prüfen (Bild 141); Verschleissgrenze 0,03 mm.

9.3 Montage

- ⚠ Sämtliche Einzelteile wieder in ursprüngliche Einbaulage einbauen.
- Unteren Ventilfedersitz auflegen (nicht verwechseln mit Federteller) und neue Ventilschaftdichtringe ölbenetzt von Hand aufdrücken. Ventilschäfte mit Öl benetzen und in Führungen schieben.
- Ventilfedern mit engen Windungen nach unten weisend (zum Ventilfedersitz hin) einsetzen (Ventilfedern sind im Neuzustand mit Farbe gekennzeichnet: «blau» Einlassfeder; «rot» Auslassfeder).
- Federteller aufsetzen und mit Ventilfederspanner Federn soweit zusammendrücken, dass Ventilkeile eingesetzt werden können (Bild 112).
- ⚠ Ventilfedern nicht mehr als unbedingt nötig zusammendrücken.
- Mit Gummihammer leicht auf Ventilschäfte klopfen, damit sich Ventilkeile setzen.
- Vergaseransaugstutzen mit möglichst wenig Überstand und neuen O-Ringen am Zylinderkopf anbringen.
- Zwei Passhülsen und neue Zylinderkopfdichtung («HEAD» weist lesbar nach oben) anbringen.
- Zylinderkopf aufsetzen und in der in Bild 111 angegebenen Reihenfolge in zwei Schritten anziehen. Anzugsmoment des letzten Durchgangs 37 Nm.
- Zwei Passhülsen einsetzen und Dichtung des Zwischenbanketts auflegen («UP» weist lesbar nach oben). Zwischenbankett aufsetzen und Befestigungsschrauben (Bild 110) schrittweise von innen nach aussen festziehen.
- Tassenstössel und Nockenwellen (mit Ventilspielkontrolle) montieren wie in Kapitel 3.6 beschrieben.
- Ölleitungen mit neuen Dichtungen anbringen (Bild 22 Seite 14).
- Kühlmittelrohre mit neuen O-Ringen anbringen (Bild 108).

10 Zylinder und Kolben

10.1 Demontage

● Zylinder und Kolben bei abgenommenem Zylinderkopf demontieren.
● Falls festgebacken, Zylinder vorsichtig mit Gummihammer lockern. Nicht auf Kühlrippen klopfen!
● Bevor Zylinder Kolbenringe freigibt und ganz nach oben abgezogen wird, Zylinderbohrung im Gehäuse mit Putzlappen bedecken, damit Bruchstücke eines eventuell gebrochenen Kolbenrings nicht ins Kurbelgehäuse fallen.

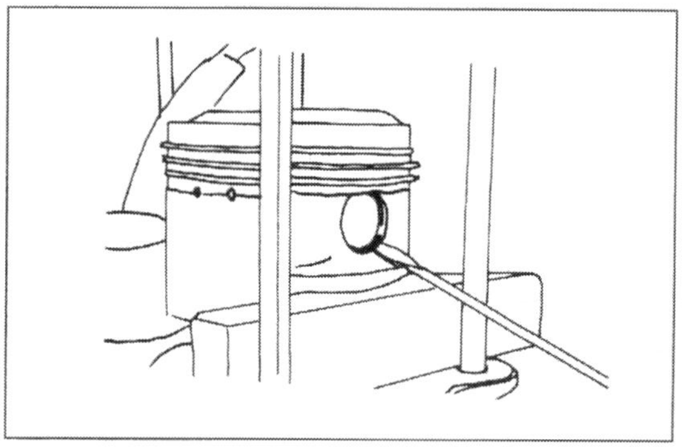

Bild 116
Sicherungsring ausheben

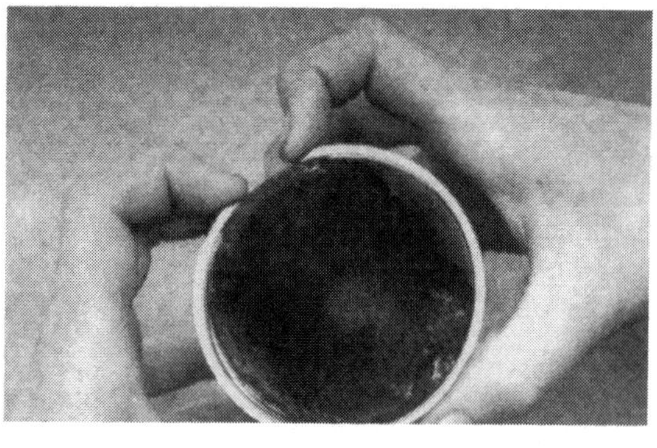

Bild 117
Kolbenringe vorsichtig ausfedern

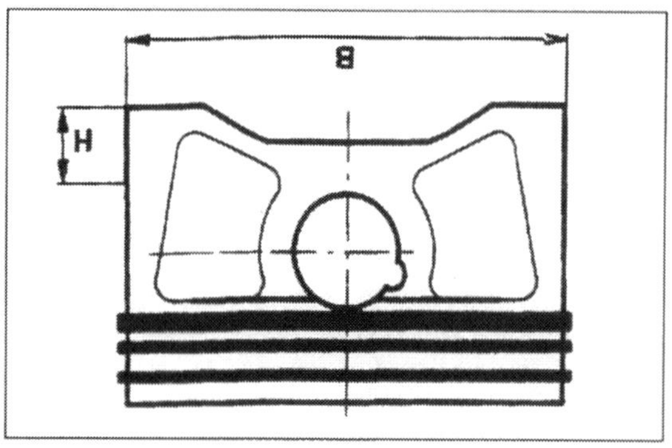

Bild 118
Messebene /
Kolbendurchmesser
H – 5 mm
B – Kolbendurchmesser

● Kolbenbolzen-Sicherungsring aushebeln (Bild 116).
● Kolbenbolzen von Hand herausdrücken. Bolzenausdrücker nur verwenden, wenn Kolben schon Schrott ist.
● ⚠ Kolbenbolzen keinesfalls mit Durchschlag austreiben. Pleuel ist schnell krummgeschlagen!
● Kolbenringe mit beiden Daumen etwas aufweiten und über Kolben schieben (Bild 117). Ringe nicht zu weit aufbiegen, da sie leicht brechen.
● Mit Dreikantschaber Kolbenboden vorsichtig entkohlen (keine Riefen hinterlassen!).
● Ringnuten mit eventuell gebrochenem Kolbenring entkohlen.

10.2 Prüfen und Vermessen

● Lauffläche im Zylinder und Kolbenhemd dürfen keine Ausbrüche, Riefen oder Kratzer aufweisen.
● Zylinderdurchmesser 40 mm unter Dichtfläche zum Zylinderkopf Zylinderdurchmesser in Fahrtrichtung und im rechten Winkel dazu messen. Mittelwert beider Messungen soll 68,00 – 68,005 mm betragen. Verschleissmass 68,1 mm. Falls Messung Verschleissgrenze überschreitet, Zylinder in YAMAHA- oder Fachwerkstatt mit Übermasskolben (erhältlich in 0,50 mm-Stufen) überholen lassen.
● Am Kolbenhemd 5 mm über Unterkante, im rechten Winkel zur Bolzenachse, Aussendurchmesser des Kolbens messen (Bild 118). Sollwert 67,925 – 67,940 mm. Errechnetes Spiel des Kolbens im Zylinder soll 0,06 – 0,08 mm betragen; Verschleissgrenze 0,120 mm.
● Für den Fall einer Reparatur Ringe und Kolben als Satz erneuern. Zylinder mit entsprechendem Laufspiel in Fachwerkstatt aufbohren und honen lassen.
● Übergrössen-Kolbenringe tragen auf Oberseite Grössenmarkierung («50» für 0,5 mm-Übergrösse und «100» für 1,0 mm-Übergrösse). Ölabstreifringe haben im ersten Übermass rote und im zweiten gelbe Farbmarkierung.
● Mit Fühlerlehre Spiel zwischen Kolben-

ring und Ringnut abtasten (Bild 119). Sollwert erster und zweiter Ring 0,150 mm. Kolbenring muss frei, ohne zu klemmen, durchrollen.

- Kolbenringe einzeln in Zylinder schieben, rechtwinkelig zur Zylinderbohrung mit Kolben ausrichten. Mit Fühlerlehre Stoss-Spiel ausfühlen (Bild 120). Sollwert erster Ring 0,30 – 0,45 mm; zweiter Ring 0,20 – 0,35 mm.
- Kolbenbolzen darf leicht eingeölt weder im Pleuel noch im Kolben Spiel aufweisen und muss frei beweglich sein.

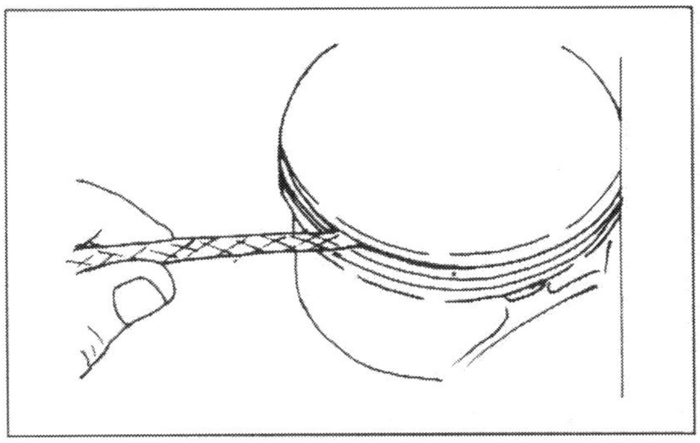

Bild 119
Nutspiel der Kolbenringe messen

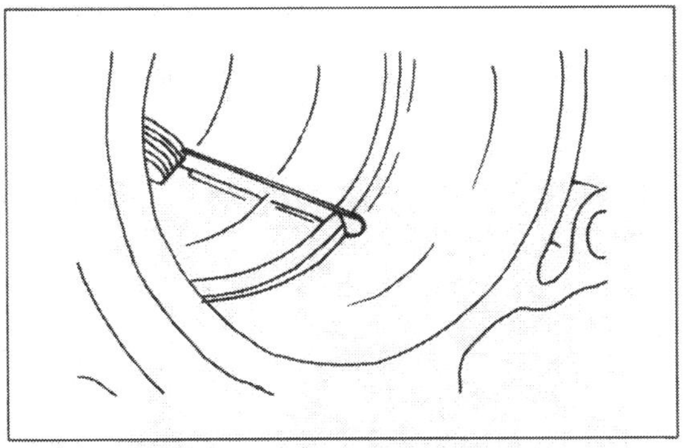

Bild 120
Stoss-Spiel ermitteln

10.3 Montage

- Ölabstreifring und Kolbenringe mit Markierung nach oben weisend an Kolben montieren (Bild 117). Dabei Ringe nicht weiter als unbedingt nötig aufweiten, da sie leicht brechen.
- Kolbenringstösse gleichmässig am Kolbenumfang verteilen.
- Mit Lappen Öffnung des Kurbelgehäuses abdecken, damit Sicherungsringe nicht hineinfallen können. Pleuelaugen des Kolbens mit MoS_2-Fett schmieren und Kolbenbolzen einschieben.
- ⚠ Kolben mit Pfeil in Fahrtrichtung weisend montieren.
- Kolbenbolzen-Sicherungsringe (unbedingt Neuteile verwenden!) einsetzen.
- O-Ringe unten in Nut am Zylinderhals einlegen und Fussdichtung mit wenig flüssiger Dichtmasse an Dichtfläche am Zylinderblock befestigen. Zwei Passhülsen anbringen.
- Kolben 2 und 3 im oberen Totpunkt mit passenden Holzleisten «untermauern» und Kolben und Zylinder gut geölt aufeinanderschieben, wobei Kolbenringe mit Fingern zusammengedrückt werden. Kurbelwelle drehen und Kolben 1 und 4 in Zylinder einführen.

11 Kühlsystem

11.1 Demontage

● Kühlmittel ablassen und Kühler abbauen wie in Kapitel 3.6 beschrieben.

Bild 121
Befestigungsschrauben der Kühlmittelpumpe

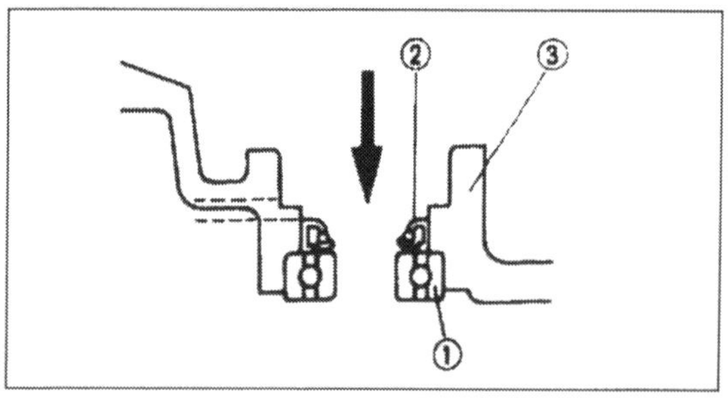

Bild 122
Dichtring und Lager auspressen
1 Lager
2 Dichtring
3 Gehäuse

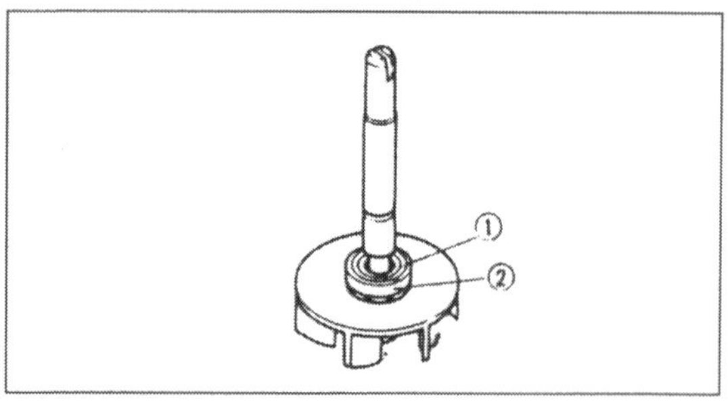

Bild 123
Wellendichtung
1 Dämpfungsgummi
2 Wellendichtring

● Kühlmittelrohre von Pumpe abnehmen. Befestigungsschrauben der Pumpe (Bild 121) ausdrehen. Pumpendeckel und Flügelrad mit Gehäuse abnehmen.

● Seegerring von Pumpenwelle an Rückseite ausfedern und Welle abnehmen.

● Lager und Wellendichtring von Dichtringseite her austreiben (Bild 122).

● Dichtring ① und Dämpfungsgummi ② Bild 123 mit kleinem Schraubendreher herausdrücken. Dabei Flügelradwelle nicht verbiegen oder zerkratzen!

● Gehäuseschrauben des Thermostats ③ Bild 124 ausdrehen und Thermostatventil entnehmen.

● Bei Undichtheit Wasserpumpendichtung aus Gehäuse heraustreiben.

11.2 Prüfen und Vermessen

● Lager, Flügelrad, Dicht- und O-Ringe auf Abnutzung und Beschädigung untersuchen. Gegebenenfalls auswechseln.

● Thermostatventil prüfen:

● Ventil mit Thermometer in Wasserbad hängen und Wasserbad erwärmen.

● Ventil muss bei 82° ± 1,5°C beginnen zu öffnen und bei 95°C voll öffnen, d.h. einen Ventilhub von 8 mm aufweisen. Falls Werte nicht erreicht werden, Ventil austauschen (keine Reparaturmöglichkeit).

11.3 Montage

● Pumpendichtung mit passendem Dorn (Yamaha-Treibdorn 90890-04058 mit 90890-04078). Vor Eindrücken flüssige Dichtmasse auf Dichtringsitz auftragen (Bild 125).

● ⚠ Mechanische Dichtung beim Einbau nicht zerkratzen. Zerkratzte Dichtung erneuern.

● Beim Eintreiben des Dichtrings und Dämpfungsgummis (Bild 123) Wasser oder Kühlmittel als Gleitmittel verwenden. Kein Öl oder Fett ver-

◀ **Bild 124**
Kühlsystem
1 Thermosensor
2 Thermoschalter
3 Thermostatgehäuse
4 Einfülldeckel
5 Schlauch zum Ausgleichsbehälter

wenden! Dichtring unbedingt rechtwinklig einsetzen (mit Winkel an Pumpenwelle kontrollieren).

- Beim Einsetzen der Pumpe darauf achten, dass Welle in Mitnehmer der Ölpumpe eingreift (Flügelrad beim Einsetzen drehen).
- Thermostatventil so in Gehäuse einsetzen, dass Bohrung im Ventil auf Schlitz im Gehäuse ausgerichtet ist (Bild 126).
- Rohre mit neuen O-Ringen anbringen. Schlauchschellen nach Montage auf korrekten Sitz kontrollieren.
- System befüllen siehe Kapitel 3.6.

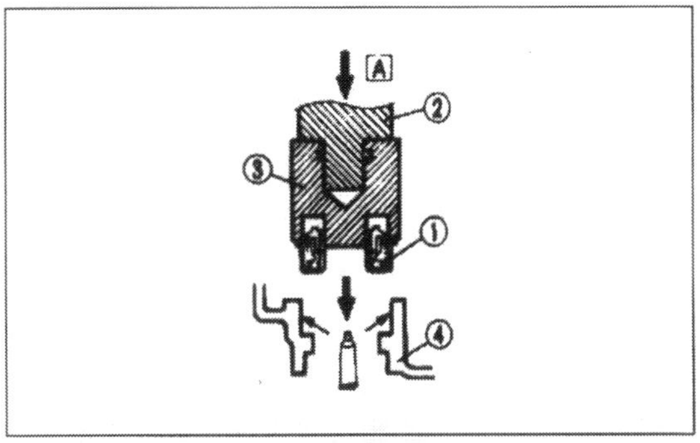

Bild 125
Einbau der Gleitringdichtung
1 Gleitringdichtung
2 Dom
3 Aufsatz (Yamaha-Spezialwerkzeug)
4 Gehäuse

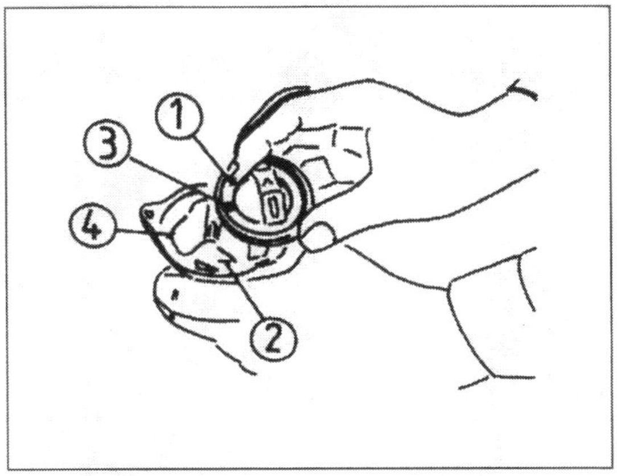

Bild 126
Einbaulage des Thermostatventils
1 Thermostatventil
2 Gehäuse
3 Bohrung
4 Schlitz

12 Motor

Bild 127
Ritzelausbau
1 Sicherungsblech
2 Mutter
3 Kunststoffhülse
4 Leerlauf-Anzeigeschalter
Pfeile-Passhülsen

Bild 128
Motormasse mit Kabelhalter

12.1 Ausbau

- Der Motor muss zur Wartung von Kurbelwelle, Pleuel, Getriebe und Starterfreilauf ausgebaut werden.
- ⚠ Motorrad sicher aufbocken.
- Massekabel von Batterie trennen.
- Öl und Kühlmittel ablassen.

Ritzeldemontage:

- Schalthebel nach Ausdrehen der Klemmschraube von Schaltwelle abnehmen.
- Kupplungsnehmerzylinder (Bild 90) abnehmen.
- Ritzelabdeckung demontieren (Bild 91) und Sicherungsblech ① Bild 127 flachbiegen. Ritzelmutter ② lösen (gegebenenfalls Hinterrad mit Bremse blockieren) und Ritzel mit Kette von Welle abziehen.
- Auspuff abbauen. Krümmerbefestigung an Zylinderkopf und Schalldämpfer lösen und abnehmen.
- Vergaser abbauen (Kapitel 4).
- Stecker von Zündkerzen, Generator, Pickup und Leerlaufanzeige ausklinken.
- Fussrastenhalterungen abnehmen.
- Motormasse nach Ausdrehen der Schraube Bild 128 abnehmen.
- Motor mit hydraulischem Wagenheber untermauern, um Motor- und Rahmenbefestigungen (Bild 129) zu entlasten.
- Sämtliche Motorbefestigungen (selbstsichernde Muttern, die nicht wiederverwendet werden können, Neuteile besorgen) ausdrehen und Motor herausnehmen.

12.2 Motoreinbau

- Motor in Rahmen heben. Mit einstellbarer Stütze (hydraulischer Wagenheber) oder mit Helfer Motor auf Aufhängungspunkte ausrichten. Schrauben der Motoraufhängung und Motorträger von links einschieben. Dabei Distanzstück bei hinterer oberer Aufhängung nicht vergessen.
- Anzugsmoment der Rahmen / Rahmen-Ver-

bindungen: 28 Nm. Übrige Verbindungen 55 Nm.

- Vorderes Kettenritzel samt Kette auf Getriebewelle aufschieben. Sicherungsblech auflegen und Ritzelmutter anziehen (70 Nm). Sicherungsblechlasche anlegen.
- Sämtliche Elektrik-Verbindungen installieren (Generator, Pickup, Starter, Leerlauf und Motormassekabel).
- Auspuff mit neuen Dichtungen anbringen.
- Züge und Kabel wie in Kapitel 18 gezeigt verlegen.
- Übrige Arbeitsschritte in umgekehrter Reihenfolge des Ausbaus vornehmen.

12.3 Inbetriebnahme des überholten Motors

- Motor mit Öl befüllen, alle nötigen Kontroll- und Einstellarbeiten an Bremse, Kupplung, Antriebskettenspannung, Vergaser und Gaszugbetätigung vor dem ersten Start durchführen.
- Es kann sein, dass die Abgase des Motors in den ersten Minuten des Motorlaufes eine stark blaue Färbung haben. Das ist auf die Verbrennung desjenigen Motoröls zurückführen, das bei

Bild 129
Rahmen- und Motorbefestigungen

der Montage des Motors aus Sicherheitsgründen in etwas zu reichlichem Masse beigegeben wurde. Also nicht von der beschriebenen Erscheinung beunruhigen lassen.

- Vor Teilnahme am öffentlichen Strassenverkehr Bremsen, Lichtanlage, Blinkanlage, Kupplung und Gangschaltung auf Funktionstüchtigkeit kontrollieren.
- Neu eingebaute Motorenteile benötigen eine gewisse Einlaufzeit.

Deshalb während der ersten 500 km Fahrstrecke den Motor nicht im oberen Drehzahlbereich «jubeln» lassen, ihn aber auch nicht untertourig Steigungen «hinaufquälen».

- Nach etwa 500 km Ventilspiel kontrollieren und im Rahmen eines Ölwechsels auch neues Ölfilter spendieren.

13 Kurbelgehäuse

Bild 130
Lagerschildschrauben
TORX T 30

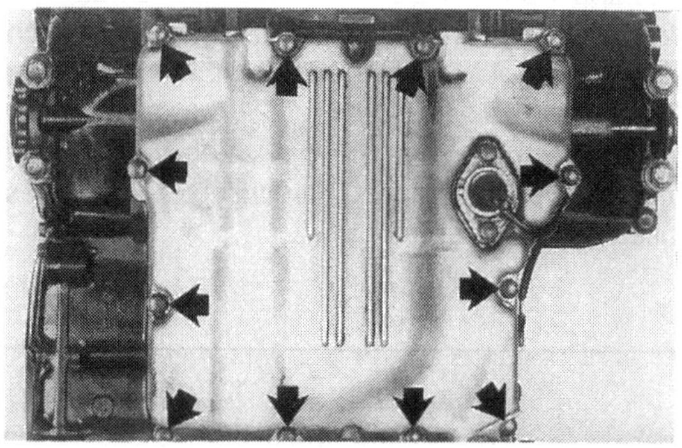

Bild 131
Ölwannenschrauben

Bild 132
Befestigungsschrauben der
Ölansaug-Glocke SW 8

Bild 133
Befestigungsschrauben der
Ölleitung und
Überdruckventil ①

13.1 Demontage

- Das Kurbelgehäuse muss zur Wartung von Kurbelwelle, Pleuel, Getriebe und Starterfreilauf geöffnet werden.
- Lagerschildschrauben Bild 130 (TORX T 30) ausdrehen und Lagerschild abnehmen.
- Obere Gehäuseschrauben entgegen der in Bild 134 angegebenen Anzugsreihenfolge lösen.
- Jede Schraube erst um ¼ Drehung lösen, dann erst ganz ausdrehen.
- Kurbelgehäuse umdrehen und Befestigungsschrauben der Ölwanne (Bild 131) schrittweise über Kreuz ausdrehen.
- Ölansaugglocke (Bild 132) nach Ausdrehen der Befestigungsschrauben abnehmen.
- Überdruckventil ① Bild 133 und Ölleitung abnehmen.
- Untere Gehäuseschrauben wie oben beschrieben ausdrehen. Untere Kurbelgehäuse-Hälfte von oberer abnehmen. Sämtliche Wellen verbleiben in oberer Hälfte.
- Beim Trennen der Gehäusehälften sind neben einer Holzunterlage kräftige, aber bedachte (!), Gummihammerschläge nützlich.

Lager und Wellendichtringe

- Wellendichtringe bei jeder Motordemontage grundsätzlich erneuern. Sie können leicht ausgehebelt bzw. abgenommen werden.

13.2 Montage

- Kurbelwelle, Starterfreilauf und Getriebe einsetzen (Bild 135; siehe folgende Kapitel).
- Zwei Passhülsen und O-Ringe in untere Gehäusehälfte einsetzen (Bild 136).
- Auf peinlich saubere Dichtflächen möglichst dünnen Dichtmassefilm (Drei-Bond-Silikondichtmasse o.ä.) auftragen. Etwa 3 mm Abstand zu Kurbelwellenlagern einhalten!
- Untere Gehäusehälfte auf obere Hälfte, die auf Holzunterlage sitzt, absenken. Dabei genau kontrollieren, dass Schaltgabeln in zugehörige Schaltrillen der Getrieberäder eingreifen.

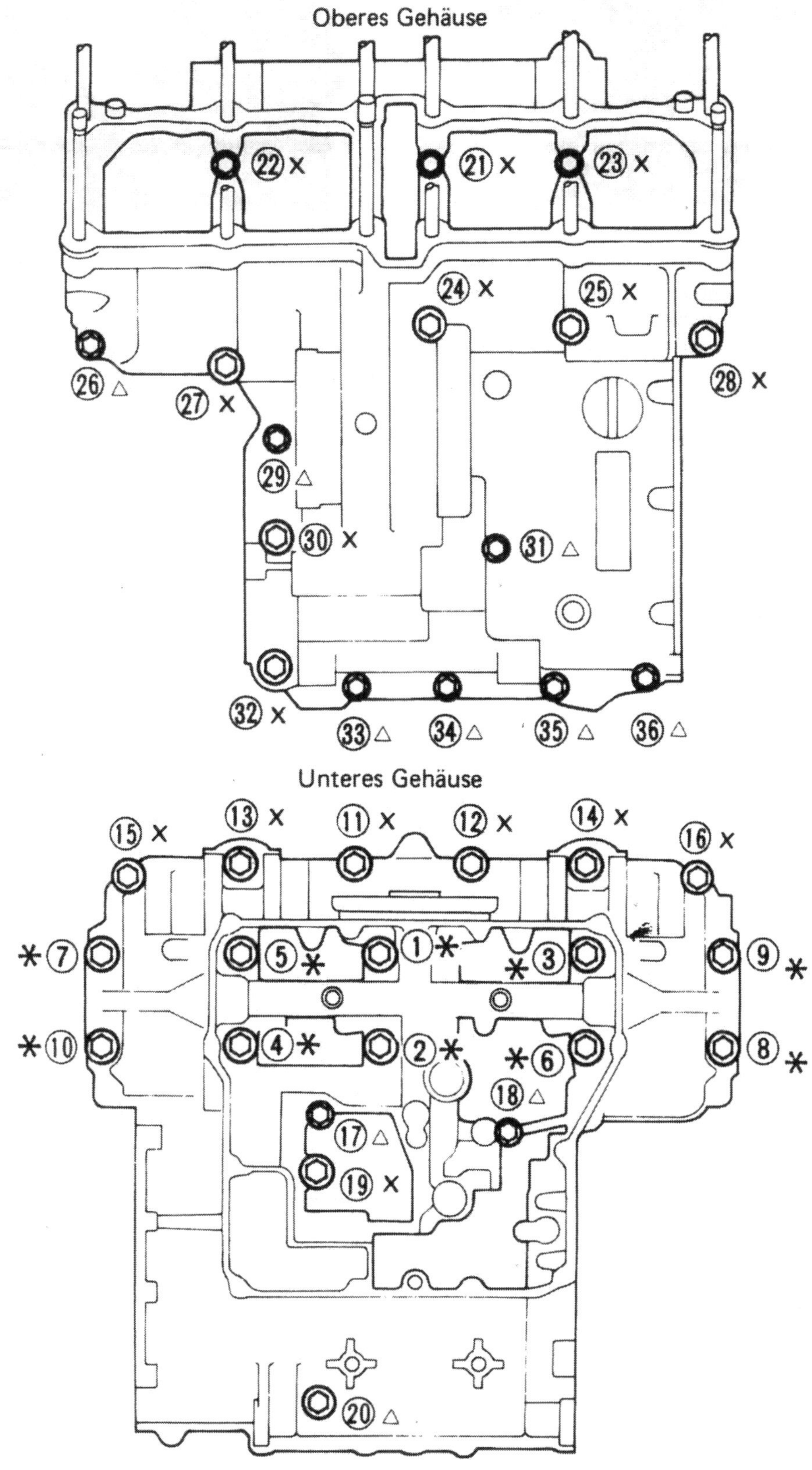

Bild 134
Gehäuseschrauben mit Anzugsreihenfolge. Schraube 26 ab 1989 von unten eindrehen
*-9 mm-Schrauben 32 Nm
x-8 mm-Schrauben 24 Nm
Dreieck-6 mm-Schrauben 12 Nm

Bild 135
Komplett bestückte obere Gehäusehälfte
1 Wellendichtringe
Pfeile-Lagerstifte

Bild 136 ►
Untere Gehäusehälfte mit Passhülse und O-Ringen (Pfeile) und Steuerkettenschiene

- Wenn Gehäusehälften satt aufeinander sitzen, Gehäuseschrauben in Bild 134 angegebener Reihenfolge anziehen.
- Getriebe muss sich unter Drehen der Getriebewellen durch alle Gänge schalten lassen.
- Kurbelwelle muss sich leicht drehen lassen (darauf achten, dass Pleuel nicht an Motorgehäuse anschlägt).
- Lagerschildschrauben Bild 130 mit flüssiger Schraubensicherung eindrehen.
- Ölleitung, Überdruckventil und Ölwanne (mit neuer Dichtung) anbringen (Bilder 133, 132 und 131).

14 Getriebe

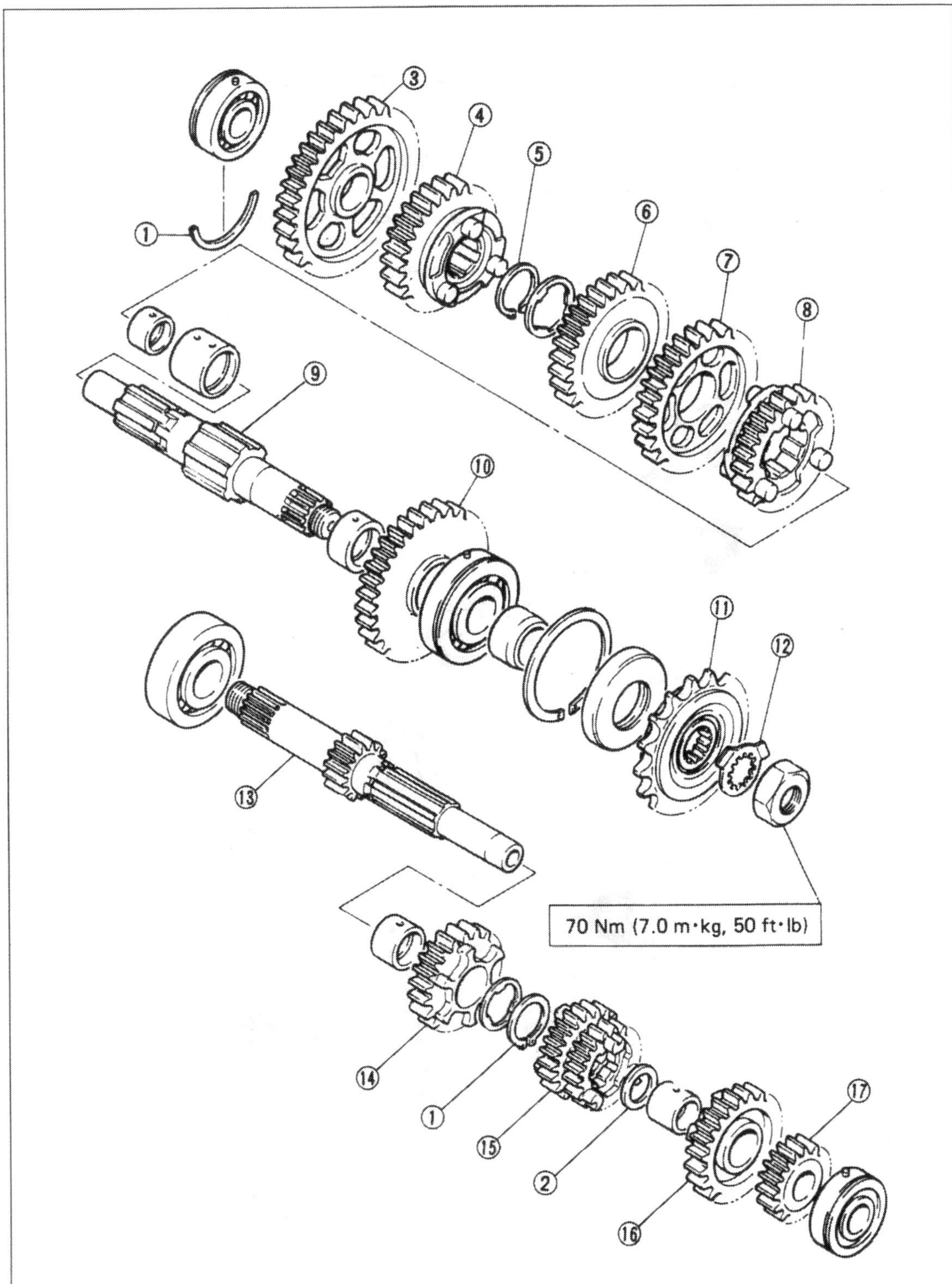

Bild 137
Getriebe
1 Fixierring / Seegerring
2 Scheibe
3 Zahnrad 1. Gang 37 Z
4 Zahnrad 5. Gang 28 Z
5 Sprengring
6 Zahnrad 4. Gang 30 Z
7 Zahnrad 3. Gang 32 Z
8 Zahnrad 6. Gang 26 Z
9 Hauptwelle
10 Zahnrad 2. Gang 35 Z
11 Antriebskettenritzel
12 Sicherungsscheibe
13 Nebenwelle
14 Zahnrad 5. Gang 22 Z
15 Zahnrad 3. / 4. Gang 18 / 20 Z
16 Zahnrad 6. Gang 24 Z
17 Zahnrad 2. Gang 16 Z

Bild 138
Nebenwelle zerlegen

Bild 139 ►
Wandert zum Schrott. Zahnräder paarweise ersetzen

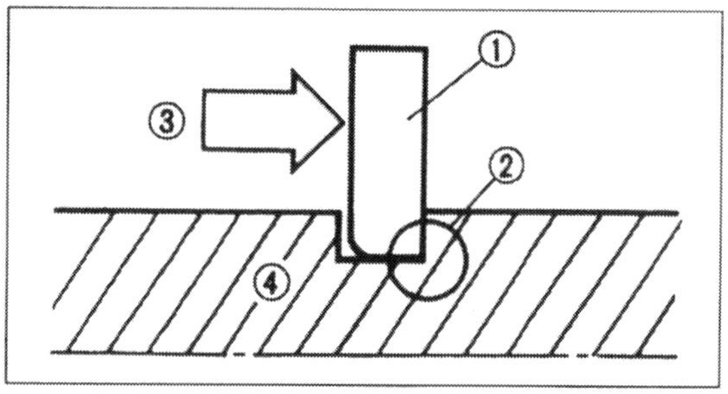

Bild 140
Seegerring-Montage
1 Seegerring
2 Scharfe Kante
3 Druckrichtung
4 Welle

14.1 Demontage

- Wellen von Hand entnehmen.

- Getriebewellen können leicht mit Seegerringzange und kleinem Schraubendreher zerlegt werden.
- Nebenwelle zur vollständigen Zerlegung mit

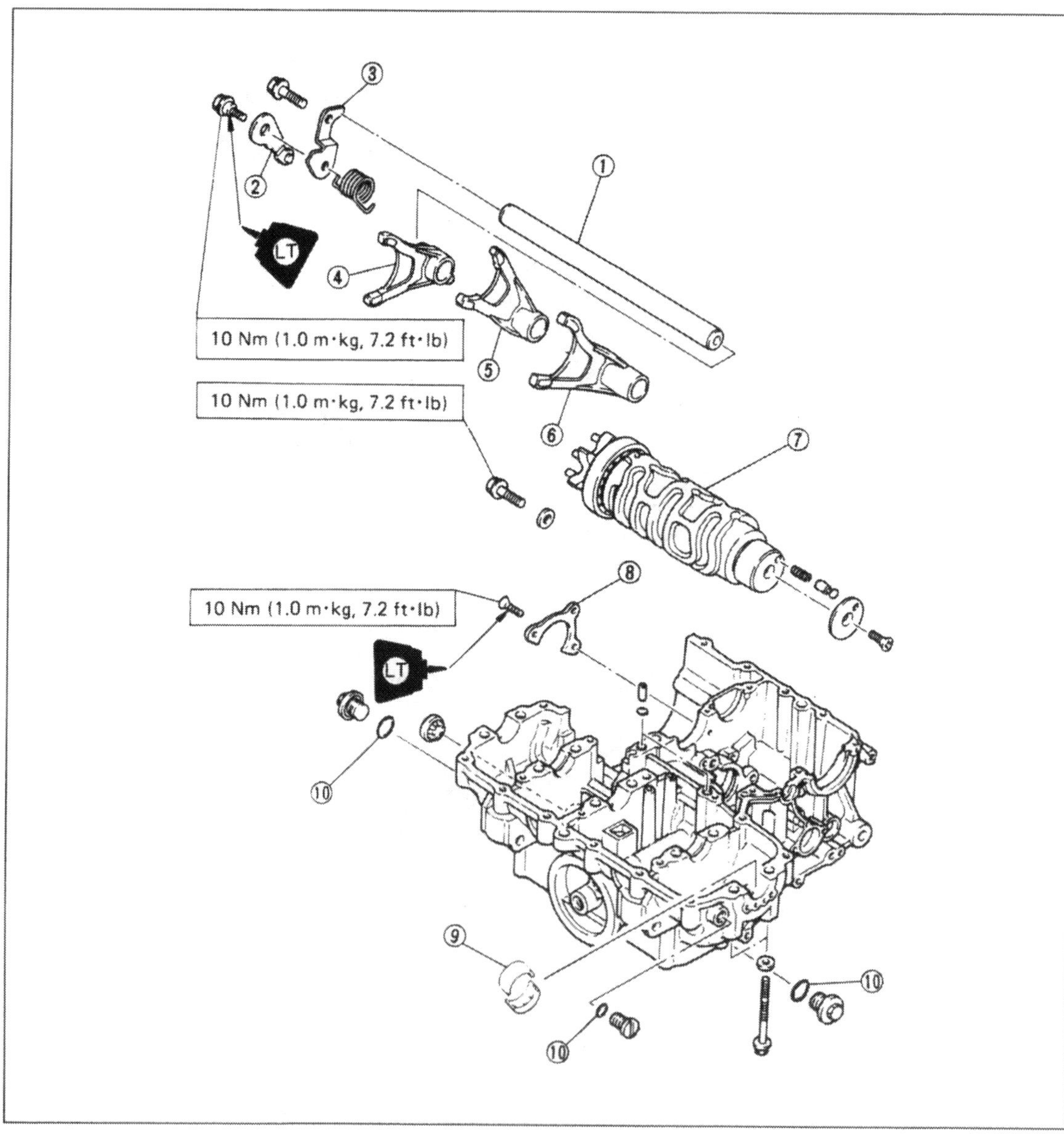

Bild 141
Untere Kurbelgehäusehälfte
1 Gabelschiene
2 Arretierungshebel
3 Anschlagblech
4 Schaltgabel «R» rechts
5 Schaltgabel «C» mitte
6 Schaltgabel «L» links
7 Schaltwalze
8 Anschlagblech
9 Hauptlagerschale
10 O-Ring
LT-Flüssige Schraubensicherung

Abzieher demontieren (Bild 138; Zahnrad erwärmen).

- Einzelteile in Reihenfolge des Ausbaus aufbewahren und notieren.
- Seeger- und Sicherungsringe sind Einwegartikel – einmal ausgebaut wandern sie zum Schrott. Nur Neuteile verbauen!
- Schaltwalze und Schaltgabelschiene nach Ausdrehen der entsprechenden Arretierungsschrauben (Bild 136) entnehmen.

14.2 Prüfen und Vermessen

- Schaltgabeln, Schaltwalze und Zahnräder auf Ausbrüche in der Härteschicht (Bild 139), Anlaufverfärbungen (Ölmangel und Überhitzung) oder übermässigen Verschleiss untersuchen.
- ⚠ Zahnräder nur paarweise erneuern!
- Schiene der Schaltgabeln über Richtplatte oder Glasplatte rollen. Bei Verbiegung Schiene erneuern.

14.3 Montage

- Getriebewellen (Bild 137) lassen sich leicht mit Hilfe von Seegeringzange und kleinem Schraubendreher vormontieren. Ausnahme: Zahnrad ⑦ Bild 137 muss zum Aufpressen auf Welle erwärmt werden. Gegebenenfalls Arbeit für Yamaha- oder Fachwerkstatt.
- ⚠ Darauf achten, dass Spreng- Seegerringe (nur Neuteile verbauen!) einwandfrei in ihren Nuten sitzen. Scharfe Kanten der Seegerringe weisen entgegen der Druckrichtung (Bild 140).
- ⚠ Darauf achten, dass Ölbohrungen von Buchsen und Wellen fluchten.
- Reichlich MoS_2-Fett oder entsprechendes Produkt beigeben. Zahnräder auf Leichtgängigkeit und Bewegungsfreiheit auf Welle prüfen.
- Wellen komplett vormontiert einsetzen. Fixierringe einschieben und Fixierstifte auf Gehäusenuten ausrichten (Bild 135).
- Schaltwalze und -Gabeln (entsprechend der Bezeichnung, die nach rechts weist) einsetzen (Bild 141).

15 Kurbelwelle, Pleuel und Starterfreilauf

Bild 142
Ölleitung abbauen

Bild 143
Lagerschild abnehmen

Bild 144
Welle mit Schraube
10 mm x 1,25

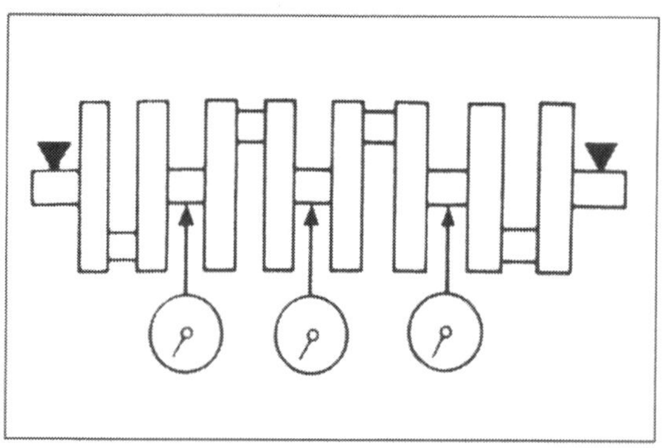

Bild 145
Kurbelwellenschlag messen

15.1 Demontage

- Befestigungsschraube der Ölleitung ausdrehen (Bild 142) und Ölleitung entnehmen.
- Lagerschildschrauben (Bild 143) ausdrehen. Lagerschild und Öldüse abnehmen.
- Schraube 10 mm x 1,25 (japanisches Feingewinde, z.B. Motorhalterungsschraube) in Welle des Starterfreilaufs eindrehen und Welle nach Ziehhammerprinzip herausziehen (Bild 144).
- Starterfreilauf und Starterzwischenrad entnehmen.
- Kurbelwelle und Pleuel von Hand entnehmen. Pleuelschrauben abwechselnd schrittweise lösen und Pleuel abnehmen.
- Pleuellager- und Kurbelwellenlagerspiel messen (siehe folgendes Kapitel) und gegebenenfalls Lagerschalen (Kurbelwelle und Pleuel) mit kleinem Schraubendreher aushebeln.

15.2 Prüfen und Vermessen

- Lagerschalen, Ketten und Zahnräder auf Beschädigung und übermässigen Verschleiss untersuchen.
- Starterfreilauf auf Welle aufsetzen und von Hand drehen. Starterfreilauf muss in einer Richtung frei drehbar sein, entgegengesetzt sperren.
- Kurbelwelle wie in Bild 145 lagern und Schlag der Lagerzapfen messen; Verschleissgrenze 0,03 mm.
- Mit Plastigage PG-1 (im gut sortierten Werkzeughandel erhältlich) Lagerspiel bei in obere Kurbelgehäusehälfte eingelegter Kurbelwelle feststellen.
- Hubzapfen etwa 30° aus unterem Totpunkt stellen.
- Öl an Hubzapfen und Lagerschalen abwischen und Mess-Streifen über ganze Breite 6 – 8 mm aus Zapfenmitte auflegen.
- ⚠ Kurbelwelle darf jetzt nicht mehr gedreht werden!
- Untere Kurbelgehäusehälfte aufsetzen und Schrauben ① bis ⑩ in der in Bild 134 angege-

benen Reihenfolge anziehen (32 Nm).

- Schrauben wieder lösen und untere Gehäusehälfte wieder abnehmen.
- Mit Plastigage-Skala Breite des Mess-Streifens bestimmen und so Lagerspiel feststellen (Bild 146). Sollmass 0,020 – 0,044 mm.
- Lagerspiel der Pleuellager wie Kurbelwellenlager mit Plastigage PG-1 einzeln messen.
- Pleuel so an Kurbelwelle montieren, dass Pleuelmarkierung (Bild 147) nach links weist. Darauf achten, dass Buchstabenhälften an Pleuelstange und Lagerdeckel perfekt zueinander passen (Bild 148).
- MoS_2-Fett auf Gewinde auftragen. Mess-Streifen einlegen und Lagerdeckel aufsetzen. Pleuelstangen nicht mehr drehen, bis Lagerdeckel abgenommen sind!
- ⚠ Muttern mit vorgeschriebenem Anzugsmoment in einem Durchgang ohne Unterbrechung (insbesondere zwischen 20 und 36 Nm) anziehen. Falls beim Anziehen zwischen 20 und 36 Nm angehalten wurde, Muttern wieder lösen (auf unter 20 Nm) und danach nochmals in einem Zug anziehen. Endanzug 36 Nm.
- Muttern wieder ausdrehen und Lagerdeckel abnehmen.
- Lagerspiel wie oben beschrieben bestimmen (Bild 146).
- Radialspiel Sollwert 0,032 – 0,056 mm.

Auswahl der Lagerschalen

- Grössenkennzeichnung der Kurbelzapfen und Hubzapfen sind an rechter Kurbelwange angebracht (Bild 149). Die ersten fünf stehen für Kurbelzapfengrösse von links nach rechts. Entsprechend stehen die vier folgenden Zahlen für die Hubzapfengrössen.
- Grössenkennzeichnung der Kurbelwellenlager-Grundbohrungen sind hinten an oberer Kurbelgehäuse vermerkt (entsprechend von links nach rechts).
- Pleuellagerdeckel weisen die Nummer 4 oder 5 auf (Bild 148).

Auswahlbeispiel für Kurbelwelle

Kurbelgehäuse-Grundbohrung Grösse 4
Kurbelzapfen Grösse 2
4 – 2 = 2 (Lagerschalennummer für Kurbelwelle)

Auswahlbeispiel für Pleuel

Pleuelstangen Grösse 5
Hubzapfen Grösse 3
5 – 3 = 2 (Lagerschalennummer für Pleuel)

- Lagerschalennummern werden Farben zugeordnet (an Lagerschalen-Stirnseite angebracht):

1 – blau
2 – schwarz
3 – braun
4 – grün

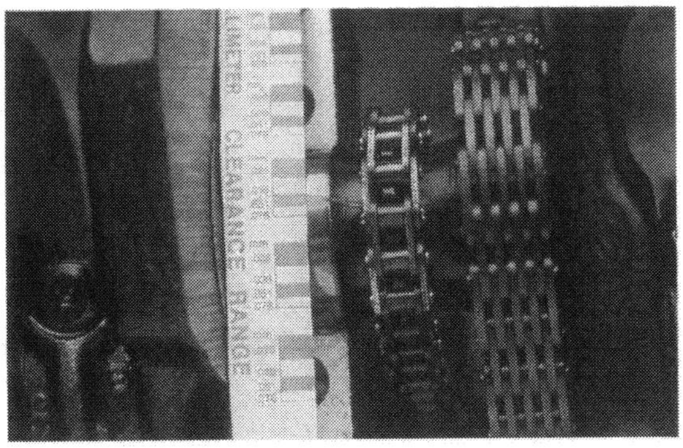

Bild 146
Plastigage-Spielmessung

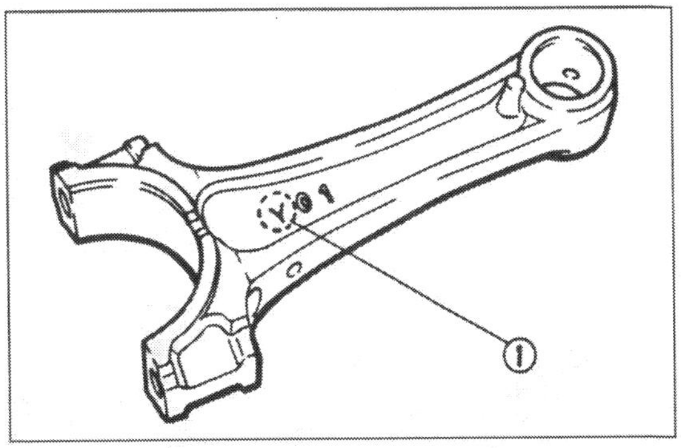

Bild 147
Pleuelmarkierung

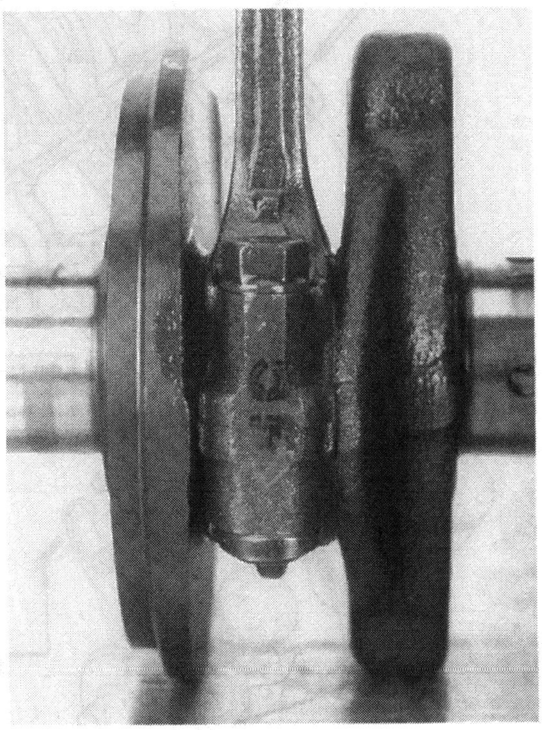

Bild 148
Pleuelkennzeichnung 4 oder 5

Bild 149
Eingeschlagene Lagerzapfen- und Hubzapfen-Kennzeichnung

Bild 150
Grössenkennzeichnung der Lagerdurchmesser im Gehäuse

5 – gelb
Gelbe Lagerschale 5 kommt nur als Kurbelwellen-Lagerschale zur Verwendung.

15.3 Montage

● Falls Lagerschalen demontiert, Schalen so einsetzen, dass Nasen in Nuten eingreifen.

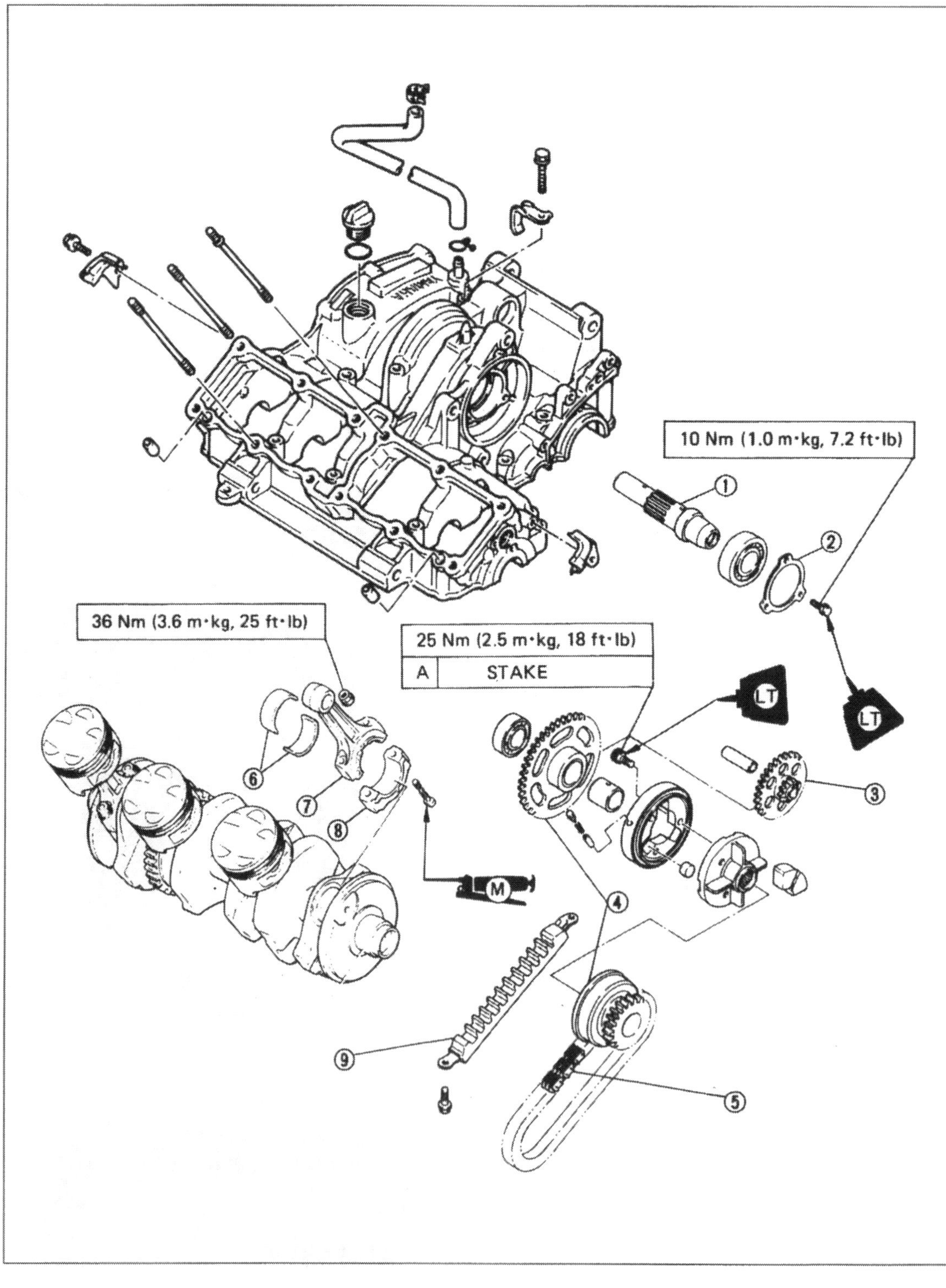

Bild 151
Obere Kurbelgehäusehälfte
1 Generatorwelle
2 Lagerschild
3 Starter-Zwischenrad
4 Dämpfer der Starterkupplung
5 Generator- / Starterkette
6 Pleuellagerschale
7 Pleuelstange
8 Pleuellagerdeckel
9 Kettenführungsschiene
A-Verkörnen
LT-Flüssige Schraubensicherung
M-MoS2-Fett

MoS2-Fett auftragen.

● Pleuel so an Kurbelwelle montieren, dass Pleuelmarkierung (Bild 147) nach links weist. Darauf achten, dass Buchstabenhälften an Pleuelstange und Lagerdeckel perfekt zueinander passen (Bild 148).

● MoS2-Fett auf Gewinde auftragen.

● ⚠ Muttern mit vorgeschriebenen Anzugsmoment in einem Durchgang ohne Unterbrechung (insbesondere zwischen 20 und 36 Nm) anziehen. Falls beim Anziehen zwischen 20 und 36 Nm angehalten wurde, Muttern wieder lösen (auf unter 20 Nm) und danach nochmals in einem Zug anziehen. Endanzug 36 Nm.

● Lagerschalen in Kurbelgehäuse einsetzen (Nasen greifen in Nuten ein). MoS2-Fett auftragen.

● Kurbelwelle mit Pleuel, Steuerkette und Generator / Starter-Kette einlegen.

● Falls demontiert, einwandfreie Kettenschiene (Generator / Starter) in Kurbelgehäuse einsetzen (Bilder 151 und 152).

Befestigungsschrauben mit flüssiger Schraubensicherung eindrehen.

● Falls demontiert, Freilaufrollen, Hülsen und Federn in Freilauf einsetzen (Bild 153).

● Freilauf in Kette einfädeln, in Gehäuse einsetzen und Welle einschieben (Bild 144).

● Öldüse einsetzen und Lagerschild montieren (Bild 143; flüssige Schraubensicherung beigeben).

● Starterzwischenrad einsetzen und Welle einschieben.

● Ölleitung mit neuen O-Ringen anbringen (Bild 142).

Bild 152
Führungsschiene der Generator-Antriebskette

Bild 153
Starterfreilauf / Generatorantrieb mit Freilaufrolle, Hülse und Feder

16 Frontpartie

16.1 Demontage

Bremsanlage

Es wurde zwar schon im Kapitel «Wartung» erwähnt, trotzdem hier nochmals die Warnung: Wer wenig Durchblick in die Funktion einzelner Bremsbauteile hat, soll die Finger von dieser überlebenswichtigen Baugruppe lassen und lieber einen absoluten Spezialisten mit deren Betreuung beauftragen. Die Bremse muss jederzeit hundertprozentig in Ordnung sein!

● Montage-Anweisungen gelten (wie auch bei der Wartung) gleichermassen für Zweikolben- und Vierkolben-Bremssättel.

● Bremsbeläge ausbauen und Bremsflüssigkeit ablassen wie in Kapitel 3.13 und 3.14 beschrieben.

● Bremsschlauch vom Sattel entfernen und Bremsschlauch geduldig in Auffanggefäss austropfen lassen. Ein paar Tröpfchen, die da immer noch raustropfen, können schon grossen Lackschaden anrichten! Verkleckerte Bremsflüssigkeit von lackierten Flächen sofort abwischen!

● Bremsflüssigkeit aus Vorratsbehälter absaugen (z.B. mit Einwegspritze aus Apotheke). Im folgenden wird von «trockener» Bremsanlage ausgegangen!

● Schrauben ⑤ Bild 53 ausdrehen und **Bremssattel** von Gabel abnehmen.

● Mit Holzleiste einen Bremkolben blockieren. Druckluft in Bremsschlauch-Anschlussgewinde blasen, um Kolben herauszustossen. Lappen um Bremssattel legen, um Kolben weich aufzufangen. Vorsicht im Umgang mit Druckluft! Vorsichtig dosieren, Mündung der Blaspistole nicht zu dicht an Einlassöffnung halten!

● Kolbendichtringe hineindrücken und mit Schraubendreher heraushobeln, wobei diese zerstört werden.

● ⚠ Vorsicht beim Entfernen der Dichtringe, Kolbengleitflächen nicht beschädigen!

Beim Zerlegen der **Handpumpe** gelten natürlich dieselben Vorsichtsmassnahmen in punkto Bremsflüssigkeit.

● Bremshebel demontieren.

● Schlauchanschluss und Bremslichtanschluss trennen, Gehäusebefestigung lösen und Zylinder von Lenker abnehmen.

● Staubkappe mit zarter Spitzzange «herauspopeln» und Seegerring (Bild 154) mit entsprechender Zange entfernen. Dabei Kolben gegen Feder eindrücken. Kolben, Feder entnehmen.

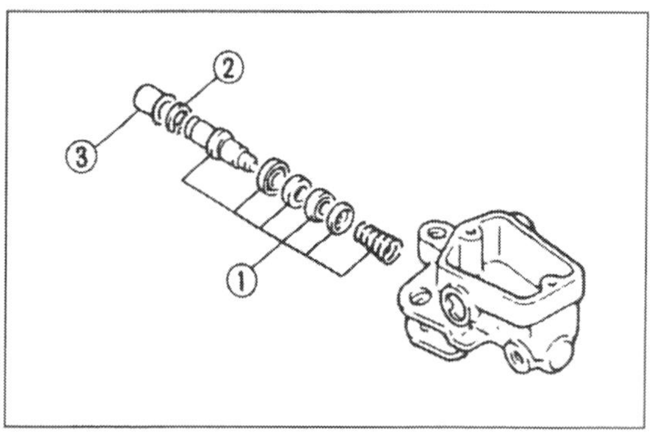

Bild 154
Handpumpe (Bremse und Kupplung)
1 Kolbensatz
2 Sprengring
3 Staubkappe

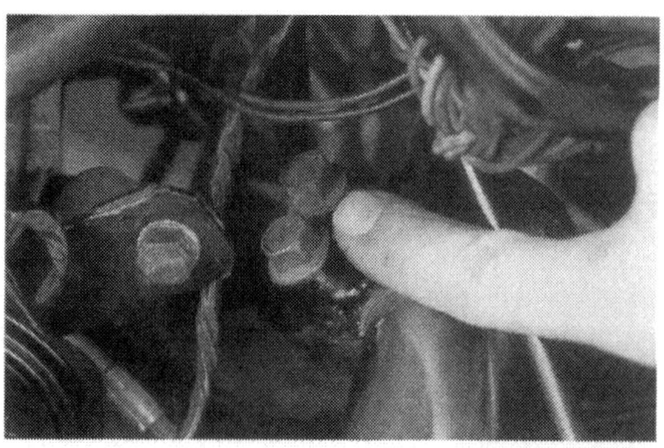

Bild 155
Klemmschrauben an unterer Gabelbrücke

Laufrad

● Für sicheren Stand der Maschine sorgen und mit Kiste o.ä. so unterbauen, dass sie nicht unversehens nach vorne kippt.

● ⚠ Radlager nur bei Beschädigung / Verschleiss ausbauen (siehe Kapitel 14.2).

● Links Gabelklemmschraube ② Bild 53 und Achse ① ausdrehen. Rad entnehmen.

● Rechts an Radnabe Tachoantriebsschnecke abnehmen.

● Links auf Verbleib des Distanzstücks achten.

● Bremsscheibe (sechs Innensechskantschrauben lösen) abnehmen.

● Austreiben der Radlager siehe Kapitel 17.1.

Teleskopgabel

● Gabelöl ablassen wie in Kapitel 3.17 beschrieben.

● Schutzblech abbauen.

● Obere Gabelklemmschraube ⑤ Bild 55 und

untere Bild 155 lockern.

- Gabelbeine zusammenschieben. Distanzbüchse, Federsitz, Feder und bei früher Ausführung variablen Dämpfer entnehmen.
- Gabelbein umdrehen und Gabelöl in Auffanggefäss ablassen. Dabei Gabelrohre mehrmals zusammenpumpen.
- Staubmanschette von Sitz loshebeln (Bild 156) und Anschlag-Federring aushebeln (Bild 157).
- Untere Gabelverschlussschraube (Innensechskant SW 6) ausdrehen. Falls sich Dämpferstange mitdreht, mit YAMAHA-Spezialwerkzeug 90890-01326 Dämpferstange gegenhalten (Bild 158) oder Feder, Vorspannhülse und obere Gabelverschlussschraube provisorisch einsetzen, um Dämpferstange am Mitdrehen zu hindern.
- Tauchrohr gut geschützt in Schraubstock spannen und Standrohr nach Ziehhammer-Prinzip unter kräftigen Ruckbewegungen samt Wellendichtring und Stützring ausziehen.
- Gleitbuchsen und Dämpferstange samt Kolbenring, die jetzt aus Tauchrohr rausgeschüttelt wird, lassen sich leicht von Hand demontieren, ist jedoch zur Sichtprüfung nicht nötig.

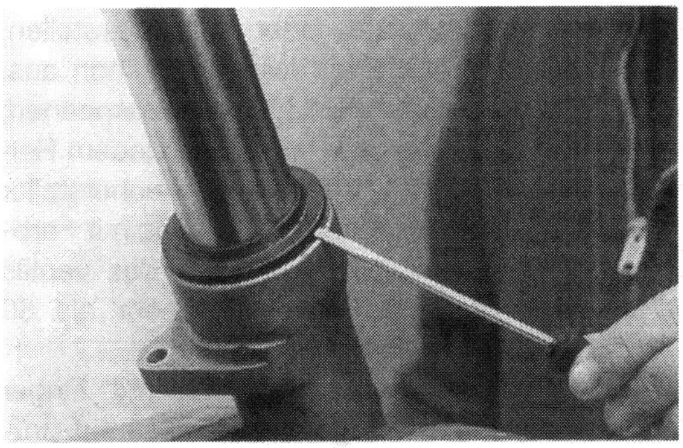

Bild 156
Staubkappe aushebeln

Bild 157
Federring aushebeln

Lenkkopflager

- ⚠ Lagerschalen nur bei Beschädigung / Verschleiss ausbauen (siehe Kapitel 3.19).
- Obere Gabelbrücke wie zur Spielkorrektur ausbauen (Kapitel 3.19).
- Einstellmutter ③ Bild 55 ganz ausdrehen und untere Gabelbrücke / Gabelschaftrohr nach unten entnehmen.
- Lagerschalen oben und unten im Lenkkopf mit entsprechend langem und kräftigem Dorn schrittweise über Kreuz auszutreiben (Bild 158). Lager nicht verkanten und so Lagersitz aufweiten!
- Unteren Laufring mit Hammer und Meissel vom Sitz treiben (Bild 159).

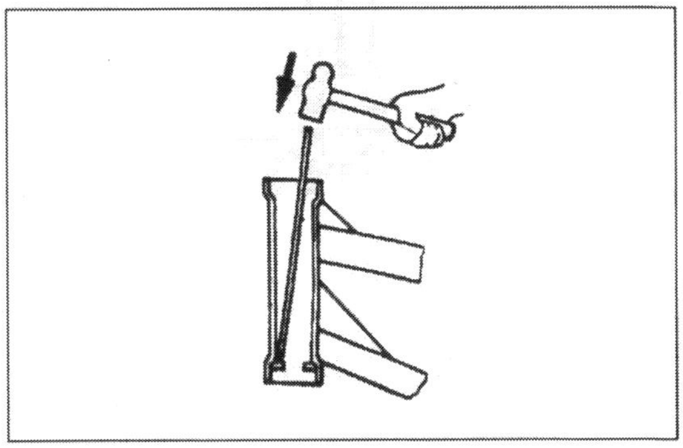

Bild 158
Lager austreiben

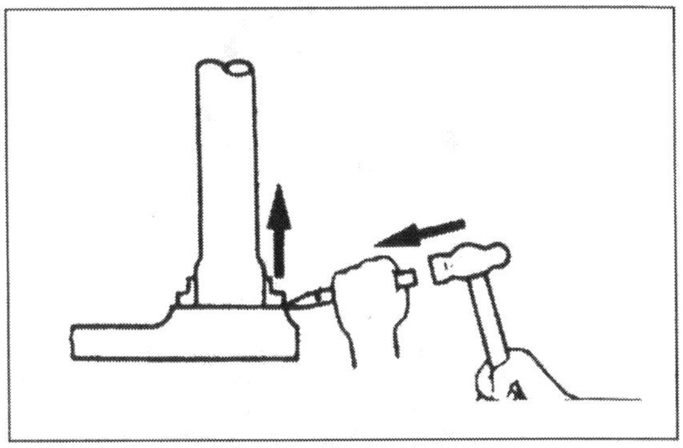

Bild 159
Lagerschale austreiben

16.2 Prüfen und Vermessen

Laufrad

- Radachse über Richtplatte rollen und so Verzug feststellen (Bild 160). Bei Verzug Achse erneuern. Niemals versuchen, Achse geradezurichten.
- ⚠ Räder auf Zentrierständer lagern, Seiten- und Höhenschlag mit Messuhr prüfen (Verschleissgrenze jeweils 2,0 mm; Bild 161). Unrund laufende Räder richten lassen.
- Auf Zentrierständer auch Unwucht des Rades feststellen (einen solchen Stützbock kann

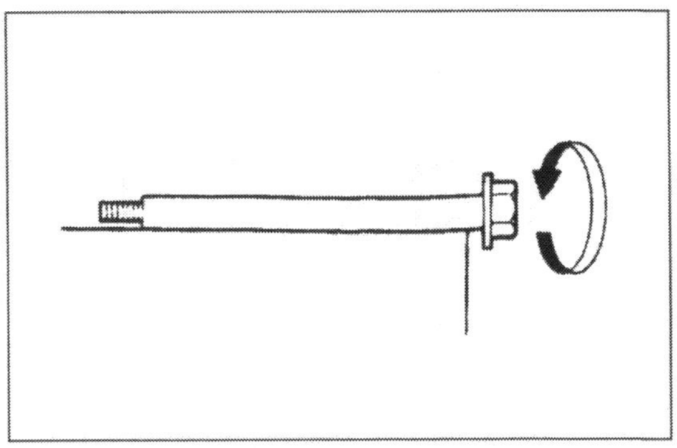

Bild 160
Achsschlag auf Richtplatte prüfen

man leicht improvisieren oder selbst herstellen. Ein stabiler Schraubstock reicht oft schon aus, um die verschraubte Radachse einzuspannen; Bild 162). Wuchtung des Rades nach jedem Reifenwechsel prüfen. Manche Reifenhersteller markieren leichteste Stelle des Reifens mit Farbpunkt. Dieser muss genau in Höhe des Ventils stehen. An Vorderradfelge nicht mehr als 60 Gramm Wuchtgewichte anbringen.

● Innenlaufringe der Radlager mit Finger auf einwandfreien und geräuschlosen Lauf prüfen. Aussenlaufring muss fest in Nabe sitzen.

Bremsanlage

● Verschmutze Bremsklötze reduzieren die Bremswirkung, deshalb wegwerfen.

● Verschmierte Bremsscheiben mit hochwertigem Entfettungsmittel reinigen. Stärke der Bremsscheiben mit Mikrometer messen (Verschleissgrenze siehe Technische Daten). Verzug der Bremsscheibe mit Messuhr messen (Bild 163; Verschleissgrenze 0,30 mm).

● Pumpenzylinder und -Kolben dürfen keine Riefen oder Kratzer aufweisen.

● Kolben und Zylinder der Bremssättel auf Riefen, Kratzer oder sonstige Beschädigungen untersuchen. Dichtmanschetten (oder Kolbenringe) der Bremskolben müssen in einwandfreiem Zustand sein. Nach Demontage grundsätzlich Neuteile verwenden!

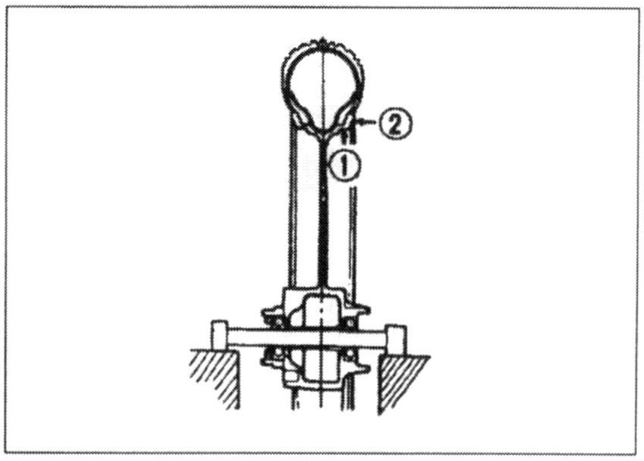

Bild 161
Felgenschlag messen
1 Höhenschlag
2 Seitenschlag

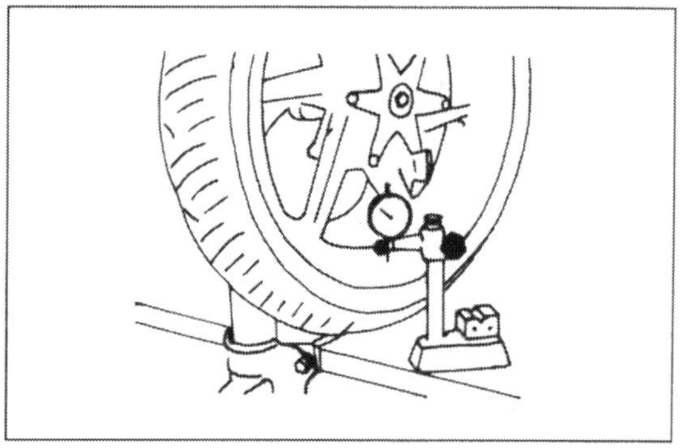

Bild 162
Improvisierte Felgenschlag-Messung

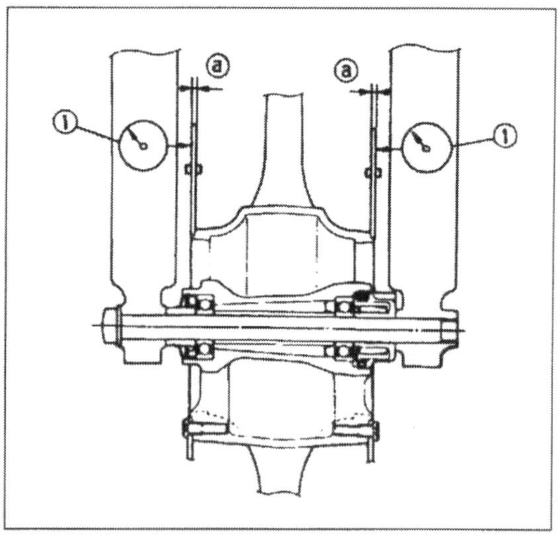

Bild 163
Verzug 1 und Dicke a der Scheiben messen

Teleskopgabel und Lenkkopflager

● Gabelstandrohre in Prismenblöcke legen und mit Messuhr auf Schlag prüfen. Dabei beachten, dass tatsächlicher Schlag der Hälfte des gemessenen Wertes entspricht! Ab 0,1 mm Schlag Fachwerkstatt zu Rate ziehen, ob Standrohr wieder gerichtet werden kann.

● Freie Länge der Gabelfeder messen; Verschleissgrenze 425 mm.

● Bauteile auf Kratzer, Riefen oder anormalen Verschleiss untersuchen. Gleitbuchsen müssen ausgewechselt werden, wenn Beschichtung über mehr als Dreiviertel der Oberfläche abgenutzt ist.

● Konuslaufringe des Lenkkopflagers auswechseln, wenn sie beschädigt sind oder Druckstellen und Vertiefungen aufweisen.

16.3 Montage

Lenkkopflager – Bild 164

● Unteren Kegellaufring samt Staubdichtung auf Lenkerschaftrohr mit passendem Rohrstück auftreiben, bis er rundum satt aufsitzt.

● TIP Erwärmen des Laufrings auf ca. 100°C erleichtert sein Aufschieben.

● Lagerschalen in Lenkkopflagersitz mit passendem Rundmaterial eintreiben. Besser mit Gewindestange und passenden Adaptern / Scheiben einziehen (Bild 165). Darauf achten, dass Lagerschalen nicht verkanten und so Lagersitze aufweiten.

● Lagerlaufkörper gefettet in ursprüngliche Lagerschale einsetzen.

● Untere Gabelbrücke/Lenkschaftrohr von unten in Lenkkopf einführen.

● Lagerdeckel auflegen und Einstellmutter anziehen (40 – 50 Nm), damit sich Lagerschalen setzen. Anschliessend wieder um ¼ – ½ Umdrehung lösen, d.h. Lager ist spielfrei und leichtgängig (siehe Kapitel 3.19).

● Obere Gabelbrücke samt Lenkkopfmutter

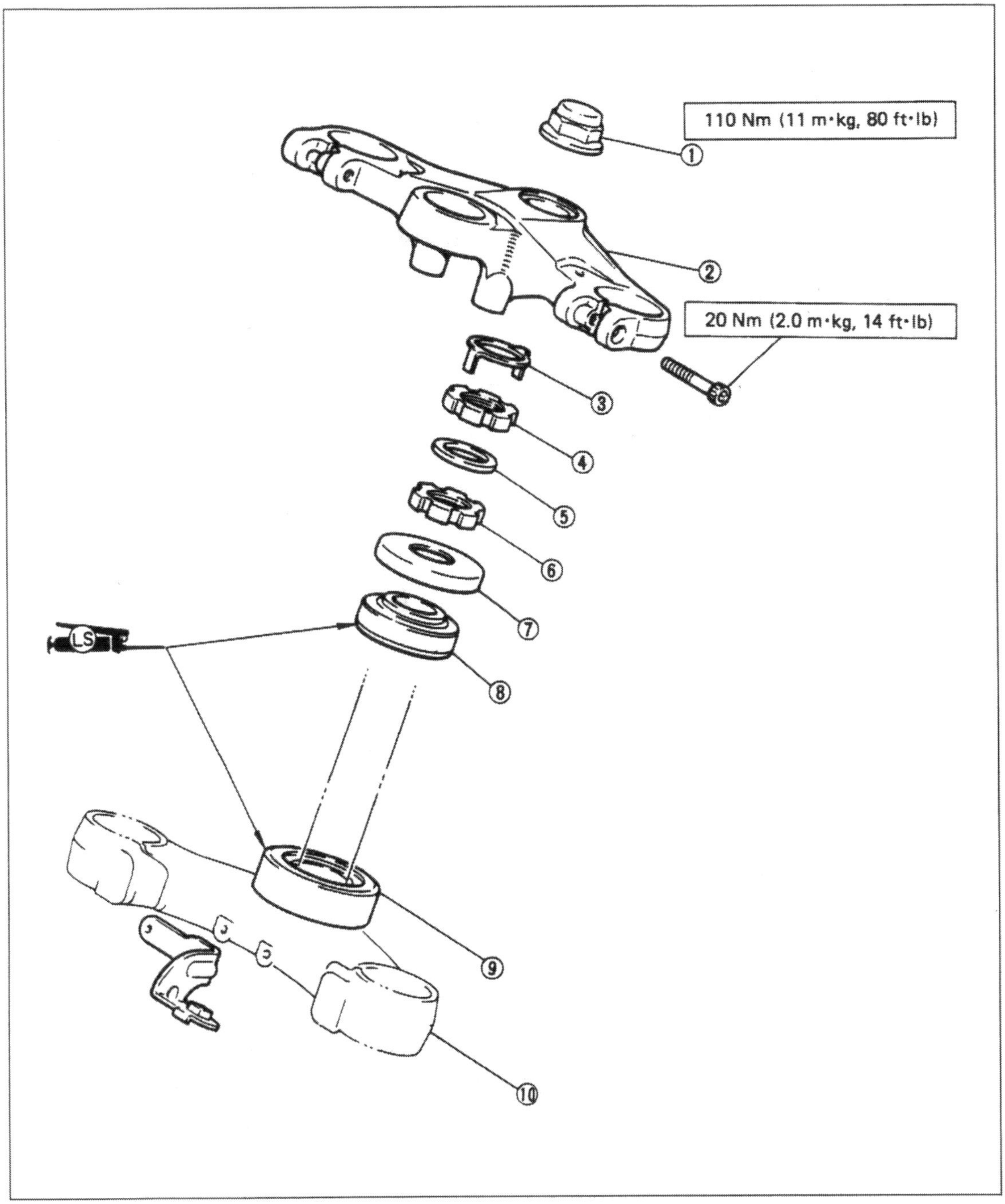

Bild 164
Lenkkopf
1 Lenkschaftmutter
2 Obere Gabelbrücke
3 Sicherungsblech
4 Gegenmutter
5 Scheibe
6 Einstellmutter
7 Lagerdeckel
8 Oberes Lager
9 Unteres Lager
10 Lenkschaft
LS-Fett

montieren. Dabei Gabelstandrohre provisorisch einsetzen.

● Bei leicht angelegter Gabelbrückenklemmung der Standrohre mit geschliffener Platte Parallelität der Standrohre prüfen (Platte darf auf beide Standrohre aufgelegt nicht kippeln). Gegebenenfalls Standrohre vor endgültigem Festziehen der Klemmung ausrichten.

Teleskopgabel / Bild 166

● Höhe des einstellbaren Dämpfers der frühen Ausführung kontrollieren (Bild 167): Gegenmutter ② lösen und Einstellmutter ein- oder ausdrehen, bis Höhe ① 42 mm beträgt. Gegenmutter anziehen.

● Standrohrbuchse in zugehörige Nut am Standrohr einsetzen.

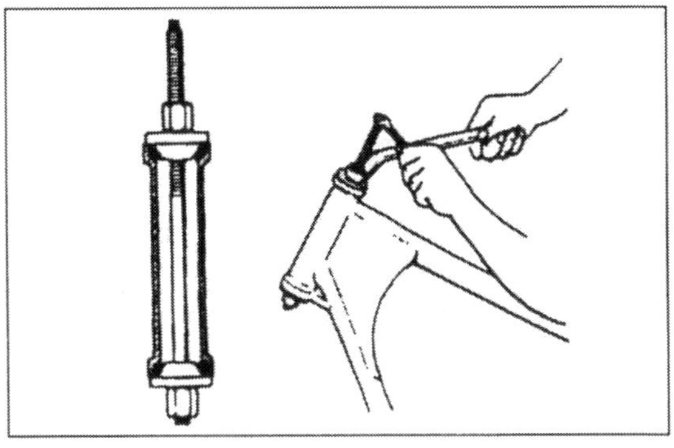

Bild 165
Lager einziehen

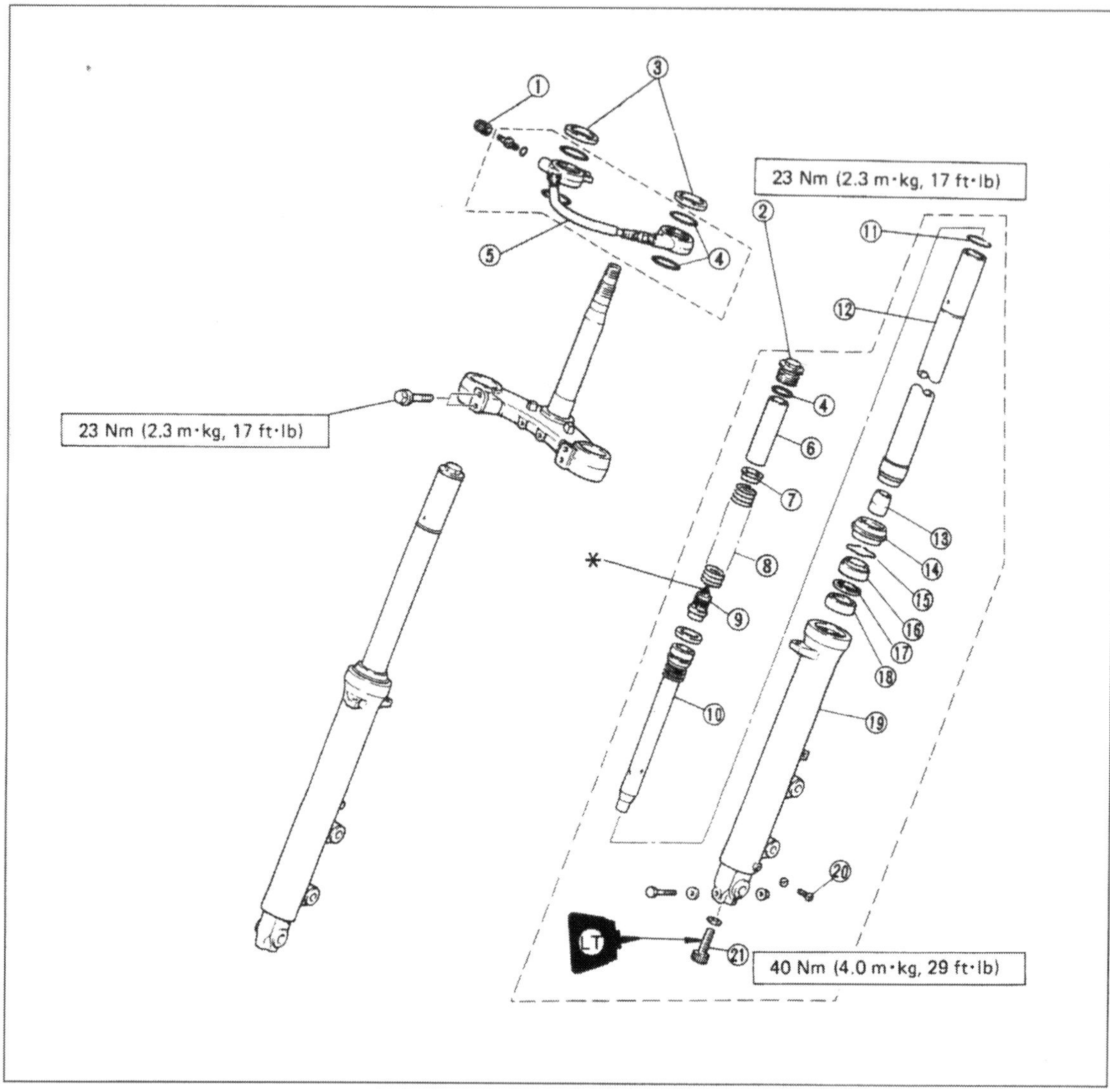

Bild 166
Teleskopgabel
1 Ventilkappe
2 Obere Gabelverschluss-Schraube
3 Abstandshalter
4 O-Ring
5 Luftverbinder
6 Distanzring
7 Federsitz
8 Feder
9 Variabler Dämpfer
10 Kolbenstange
11 Anschlagring
12 Standrohr
13 Öldichtstück
14 Staubdichtung
15 Sicherungsring
16 Dichtring
17 Tellerscheibe
18 Gleitbuchse
19 Tauchrohr
20 Ablass-Schraube
21 Untere Gabelverschluss-Schraube
LT-Flüssige Schraubensicherung

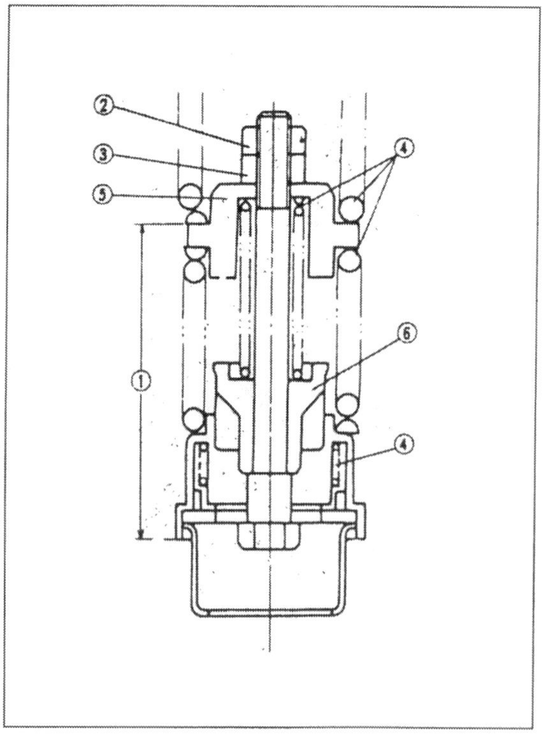

Bild 167
Variabler Dämpfer der frühen Gabelausführung
1 42 mm
2 Gegenmutter
3 Einstellmutter
4 Federn
5 Federsitz
6 Ventilkörper

- Falls demontiert, Nylon-Kolbenring von Hand auf Dämpferstange anbringen.
- Dämpferstange mit Rückprallfeder von oben durch Standrohr durchstecken und Öldichtstück ③ auf Ende der Dämpferstange aufsetzen.
- Standrohr so vormontiert in Tauchrohr einschieben.
- Untere Gabelverschluss-Schraube mit flüssiger Schraubensicherung versehen und mit Kupferdichtring eindrehen (40 Nm). Falls sich Dämpferkolbenstange mitdreht, mit YAMAHA-Spezialwerkzeug und langer Verlängerung gegenhalten, oder Gabelfeder mit Distanzstück und Gabelverschlussschraube provisorisch montieren.
- Staubdichtung, Federsicherung, Wellendichtring und Gleitrohrbuchse von Hand auf Standrohr anbringen.
- Buchse zusammen mit Stützring mit passendem Rohrmaterial oder schrittweise über Kreuz mit langem Dorn eintreiben (Bild 168). Vorsicht, Standrohr nicht mit Dorn zerschrammen!
- Es folgt Wellendichtring. Diesen mit Gabelöl

anfeuchten und mit Beschriftung nach oben entweder mit passendem Rohrmaterial oder schrittweise über Kreuz mit langem Dorn eintreiben.

- Anschlagring in Nut des Gleitrohrs einsetzen und darauf achten, dass dieser einwandfrei in seiner Nut sitzt. Staubdichtung einsetzen.
- Standrohr bis zum Anschlag in Tauchrohr einschieben und pro Gabelbein 408 cm^3 Gabelöl (10er Viskosität) einfüllen.
- Gabelrohre mehrmals auf- und abpumpen, bis keine Luftbläschen mehr auftauchen und so Dämpfer entlüften.
- Ölstand von Oberkante des Standrohrs aus messen.
- Unbedingt darauf achten, dass Ölstand in beiden Gabelbeinen gleich ist (Gabel ganz zusammengeschoben ohne Feder).
- Dämpfer (Bild 167) so einsetzen, dass Gegen- und Einstellmutter nach oben weisen.
- Gabelfeder in Standrohr einführen (grosser Windungsabstand nach unten weisend). Es folgen Federsitz, Distanzhülse und obere Gabelverschluss-Schraube mit geöltem O-Ring.

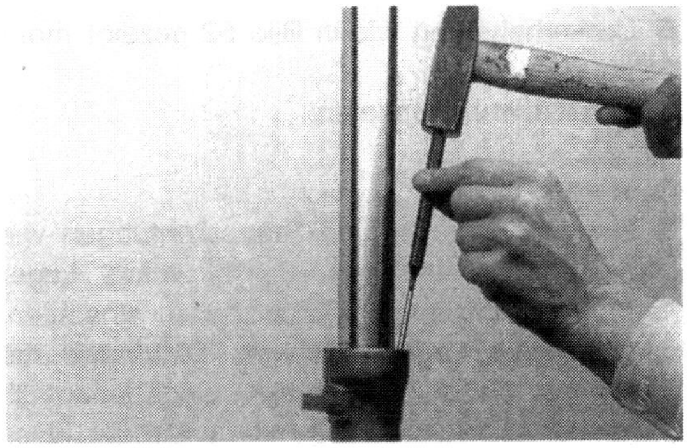

Bild 168
Tauchrohrbuchse und Wellendichtring eintreiben

- Standrohr unter gleichzeitigem Drehen durch untere Gabelbrücke schieben. Bei Luftunterstützter Ausführung Anschlagring, Luftanschluss-Halterung und Gummi-Abstandhalter anbringen. Gabelbein nach oben schieben und darauf achten, dass Nase der oberen Gabelbrücke in Schlitz des Luftanschlusses eingreift.
- Untere und obere Gabelklemmschrauben (23 Nm) anziehen.

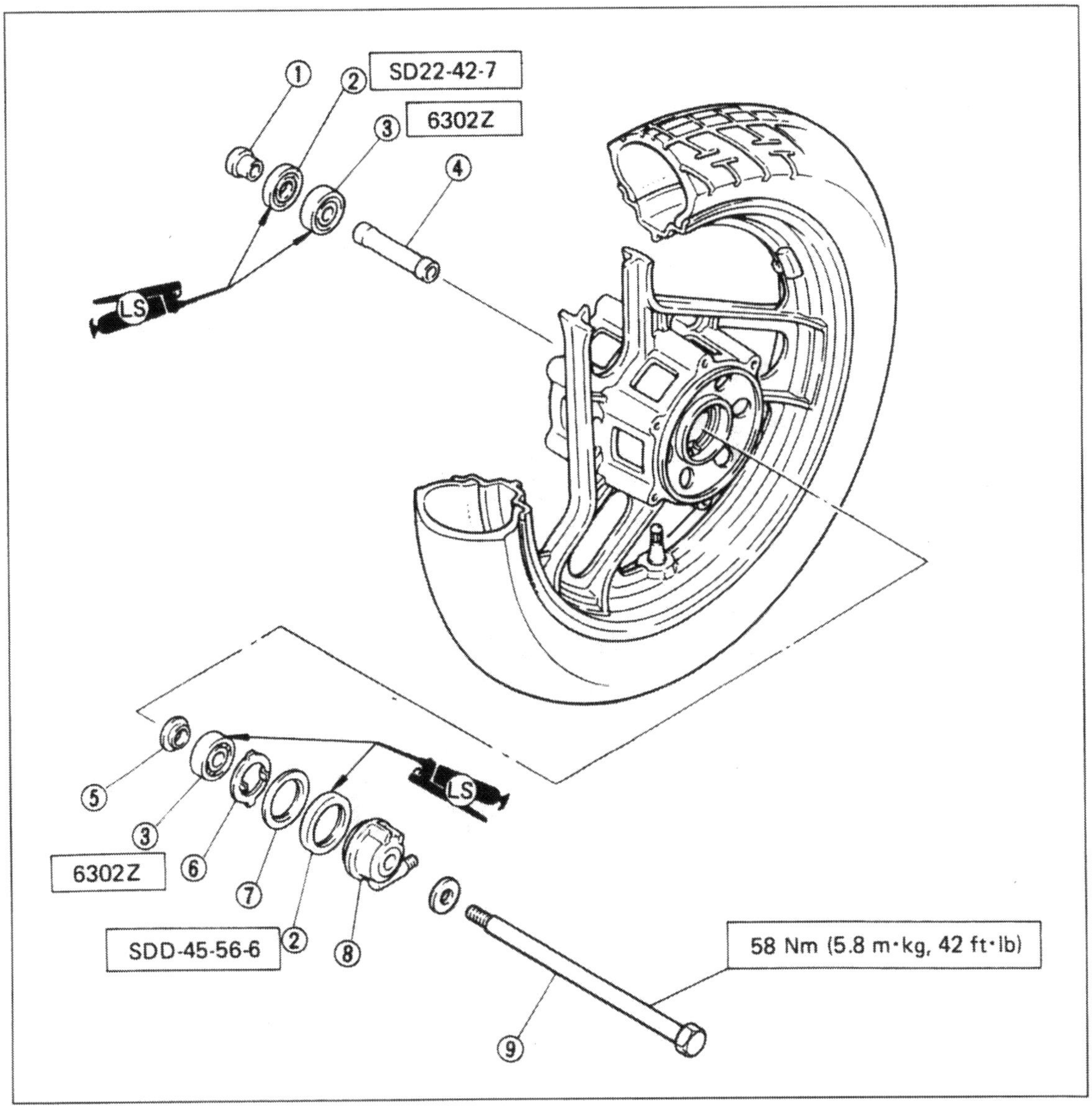

Bild 169
Vorderrad
1 Distanzstück
2 Dichtring
3 Lager
4 Distanzhülse
5 Distanzring
6 Tachomitnehmer
7 Halter
8 Tachoschnecke
9 Achse
LS-Fett

● Lenkerhalterung wie in Bild 52 gezeigt montieren.

● Schutzblech montieren.

Laufrad / Bild 169

● Einbau der Lager und Staubdichtungen wie Lenkkopflager einziehen. Zuerst linkes Lager (fettgefüllt) einziehen, Distanzhülse einsetzen, dann rechtes Lager einziehen. Dichtringe mit passender Nuss einschlagen. Gegebenenfalls Lager nur am Aussenring mit passender Nuss oder Rundmaterial nachsetzen.

● Bremsscheibe installieren. Schrauben mit flüssiger Schraubensicherung anziehen (20 Nm).

● Den Tachometergetriebe-Mitnehmer und die -Schnecke einfetten und so einsetzen, dass seine Zungen in Schlitze der Naben einspuren.

● Bremsscheibe mit hochwertigem Entfettungsmittel (Bremsscheibenreiniger) reinigen.

● Rad mit Distanzhülsen rechts und Tachoschnecke links zwischen Gabelbeine einsetzen. Achse einschieben und anziehen (58 Nm).

● Teleskopgabel mehrmals bei blockiertem Vorderrad (jedoch nicht mit Bremse blockieren!) zusammendrücken, um Achse aufzusetzen, dann Achsklemmschraube anziehen.

Bremsanlage – Bild 170

● ⚠ Einmal ausgebaut, müssen Kolben- und Staubdichtringe des Bremssattels grundsätzlich durch neue ersetzt werden.

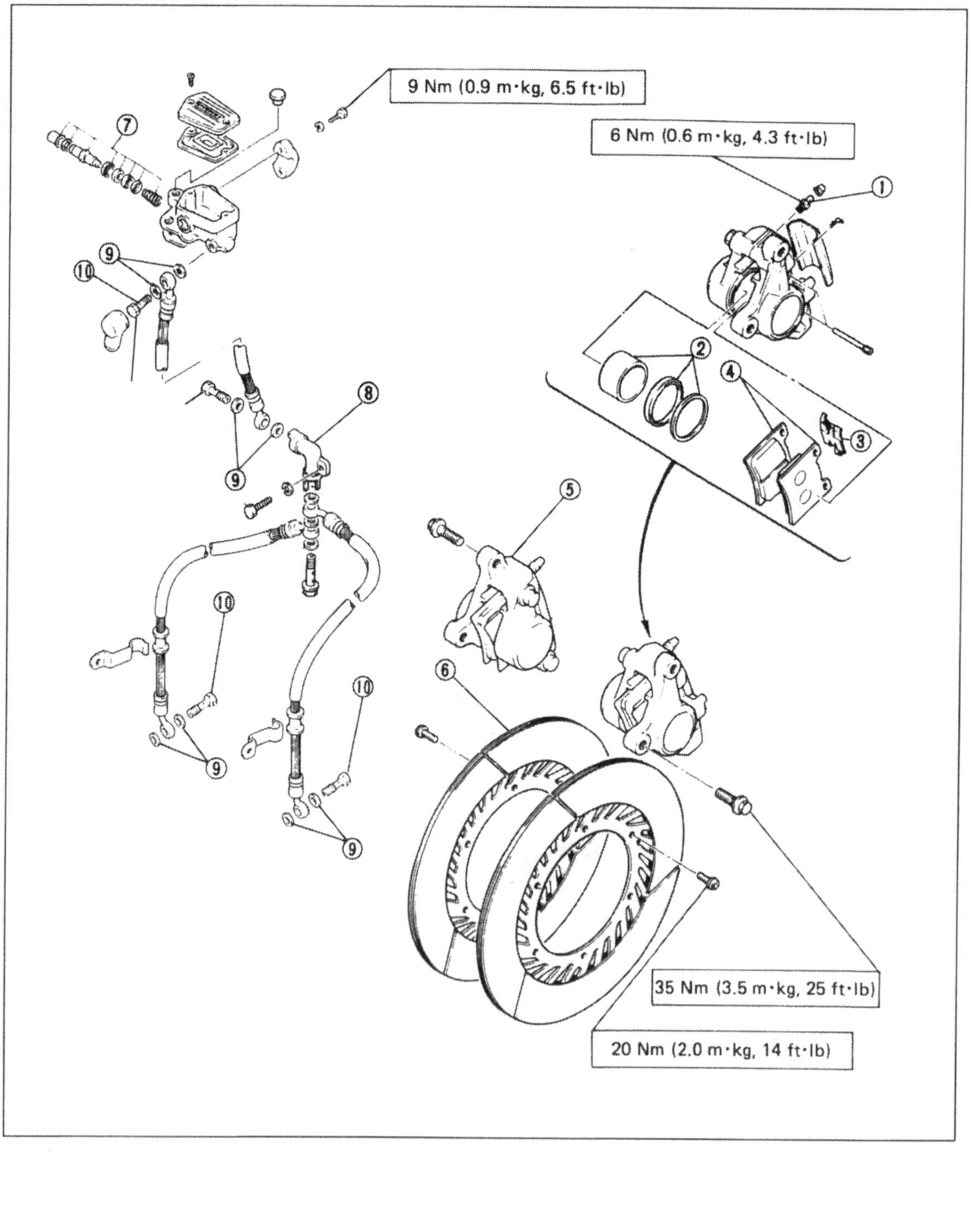

Bild 170
Vorderradbremse
1 Entlüftungsschraube
2 Kolbensatz
3 Belagfeder
4 Bremsbelag
5 Bremssattel
6 Scheibe
7 Kolbensatz / Handpumpe
8 Anschluss-Stück
9 Kupferscheibe
10 Hohlschrauben 26 Nm

● Dichtringe vor Einsetzen mit Bremsflüssigkeit schmieren. Kolben so einbauen, dass offene Seite auf Bremsbeläge gerichtet ist.

● Vor Zusammenbau alle Teile der hydraulischen Bremsanlage mit sauberer Bremsflüssigkeit reinigen und anfeuchten.

● Dicht- und Staubringe in Bremszylinder einsetzen. Darauf achten, dass Dichtlippen beim Einsetzen der Kolben nicht umgewendet werden.

● Belagfeder und Beläge installieren wie in Kapitel 3.14 beschrieben.

● Feder mit grossem Durchmesser nach innen in Handpumpe einsetzen.

● Kolbensatz ⑦ eindrücken und Seegerring mit entsprechender Zange einsetzen. Staubkappe aufziehen und Bremslichtschalter anbringen. Handpumpe am Lenker anbringen.

● Sämtliche Bremsschlauchverbindungen mit neuen Dichtscheiben installieren und anziehen (26 Nm).

● Beim Befüllen des Hydrauliksystems abweichend vom im Wartungskapitel angegebenen Schema nach dem im Bild 171 gezeigten Ablauf vorgehen. Dabei Entlüftungsschlauch in mit Bremsflüssigkeit befülltes Gefäss enden lassen.

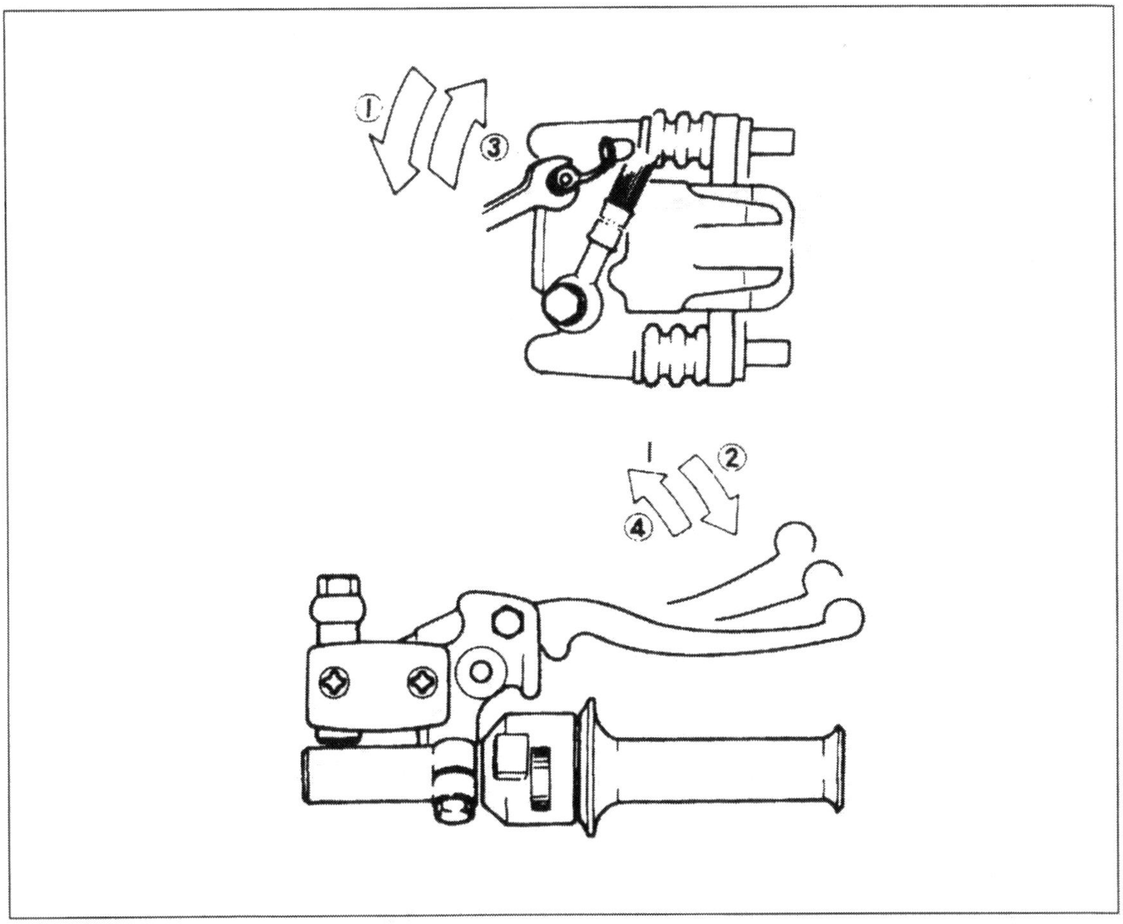

Bild 171
Befüllungsschema
1 Entlüftungsventil öffnen
2 Hebel / Pedal anziehen und halten
3 Entlüftungsventil schliessen
4 Hebel / Pedal schnell freigeben

17 Heckpartie

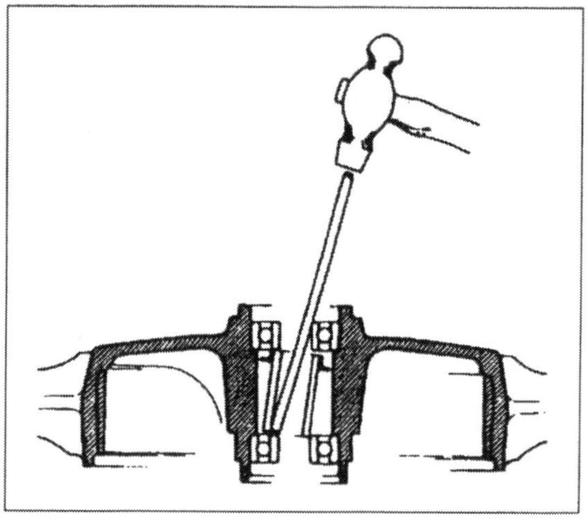

Bild 172
Radlager austreiben
(Prinzipdarstellung)

17.1 Demontage

● Motorrad auf Kiste o.ä. stabil so untermauern, dass Hinterrad freikommt.

Hinterrad

● Hinterachse wie zum «Antriebskette spannen» (Kapitel 3.16 Seite 22 lockern.

● Bremssattel von Bremssattel-Halterung abnehmen (Bild 47 Seite 21).

● Kette von Kettenrad abnhmen, Achsmutter ausdrehen, Hinterrad anheben und Achse ausziehen. Auf Distanzhülse jeder Seite achten!

● Bremsscheibe nach Lösen von sechs

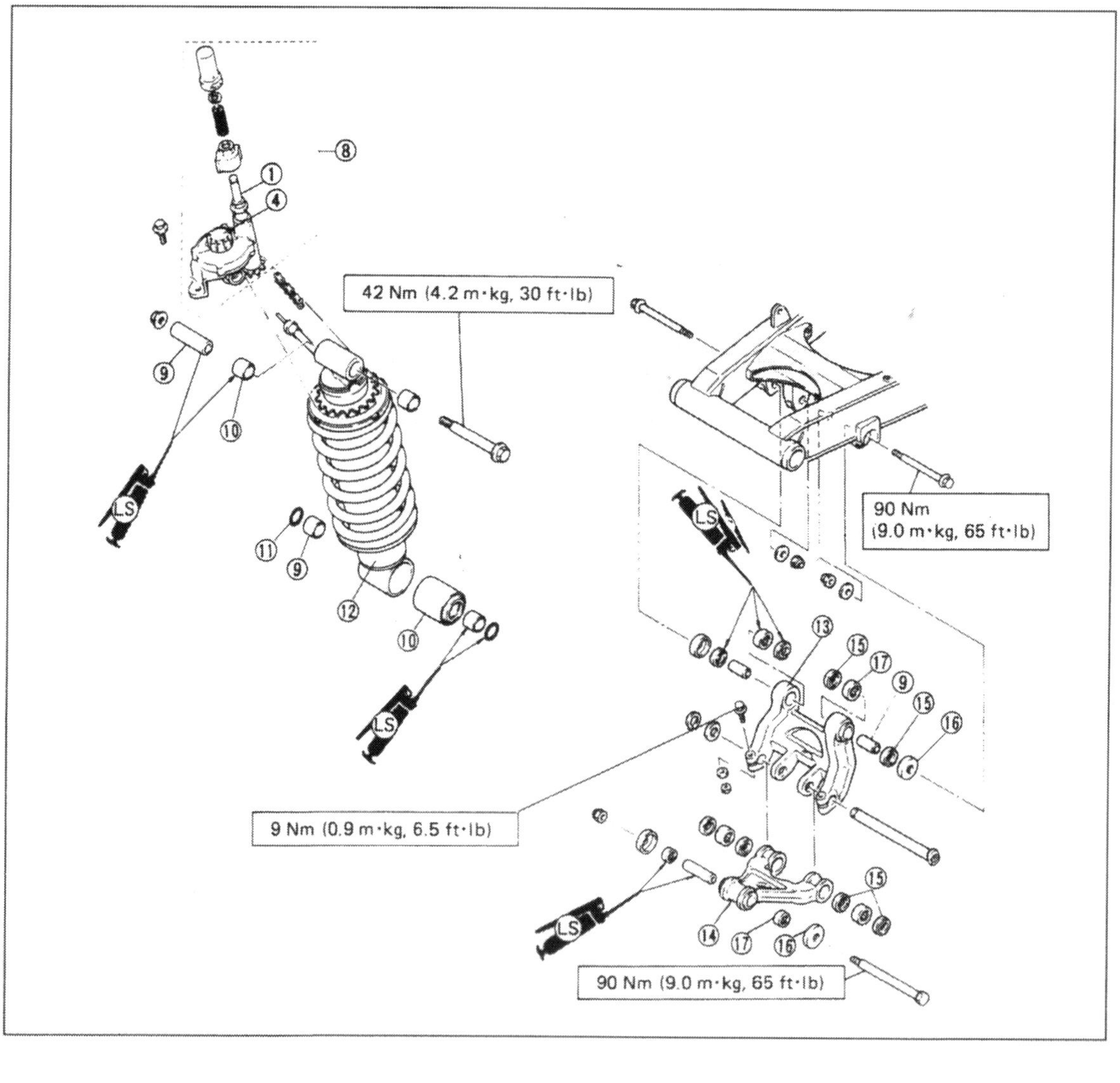

Bild 173
Stossdämpfer und Federhebelei der ersten Ausführung
1 Vorspannungs-Einsteller
4 Dämpfungseinsteller
8 Fernbedienungseinheit
9 Hülse
10 Buchse
11 O-Ring
12 Federbein
13 Verbindungsarm
14 Pleuelstange
15 Dichtring
16 Druckdeckel
17 Lager
LS-Fett

Schrauben abnehmen.
- Bremssattel- und Fusspumpendemontage wie vorn, Kapitel 16.1.
- Kettenblatt-Träger (Abtriebsflansch) von Hand abnehmen.
- Zum Entfernen des Kettenblatts Sicherungsblechlaschen flachbiegen und sechs Muttern lösen.
- Wellendichtringe mit Schraubendreher o.ä. aushebeln.
- TIP Zum Austreiben der Radlager Radnabe bzw. Abtriebflansch auf elektrischer Kochplatte anwärmen. Einmal ausgebaut, gehören Radlager auf den Schrott!
- Distanzhülse zwischen den Radlagern aushebeln. Lager mit einem 10 mm-Dorn mit leichten Schlägen schrittweise über Kreuz austreiben (Bild 172). Nach Ausbau eines Lagers Distanzhülse entnehmen und gegenüberliegendes Lager austreiben.

Bild 174
Federhebelei neuere Ausführung
1 74 Nm
2 40 Nm
3 74 Nm

Federbein
- Sitz, Seitenverkleidung und Schalldämpfer abbauen.
- Batterie ausbauen (Kapitel 3.20).
- Starterrelais vom Batteriekasten abnehmen. Batteriekasten und Kühlmittel-Ausgleichsbehälter ausbauen.
- Bei früher Ausführung Klemmschraube der

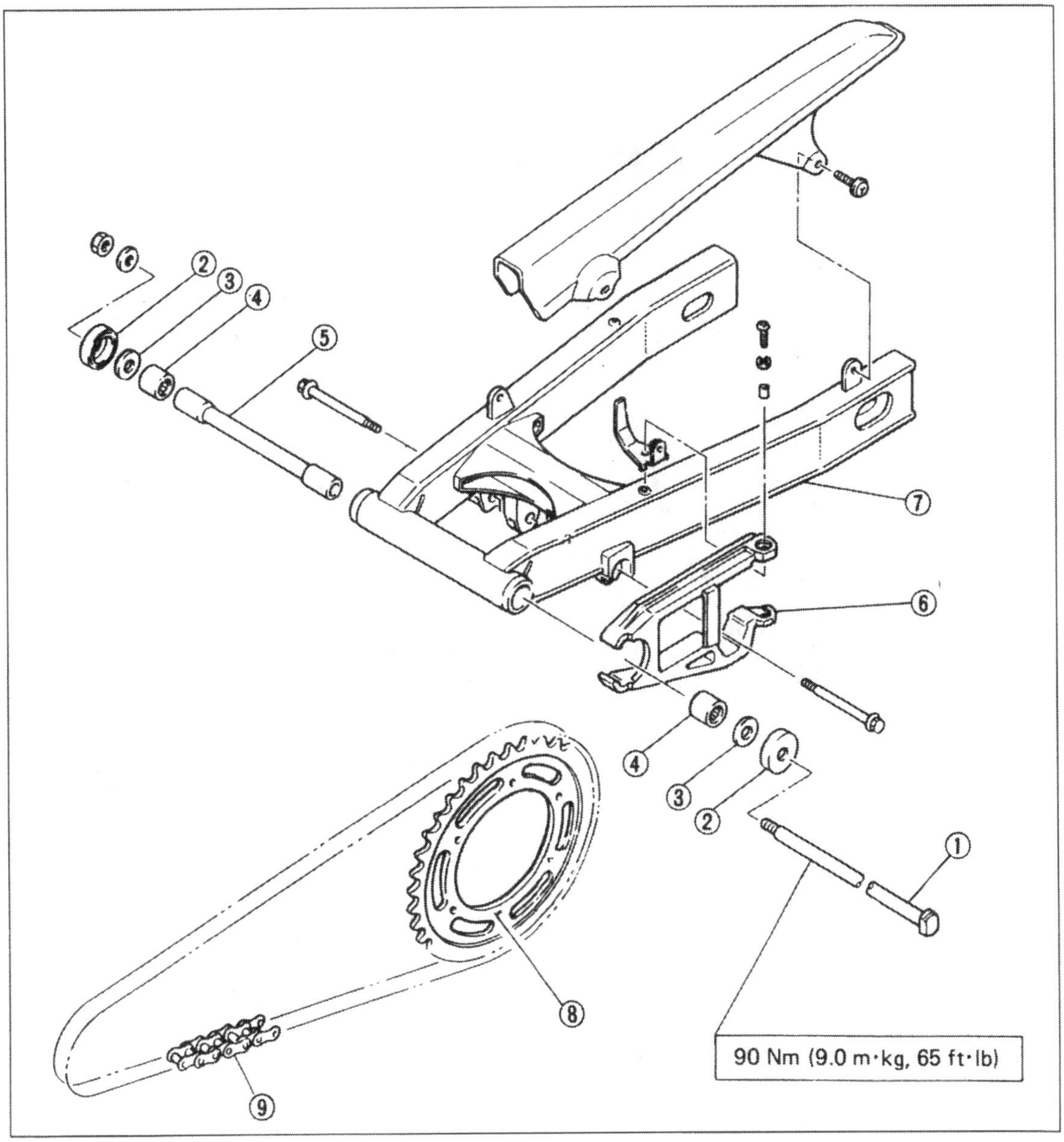

Bild 175
Schwinge
1 Achse
2 Druckdeckel
3 Scheibe
4 Lager
5 Distanzring
6 Gummischutz
7 Schwinge
8 Kettenrad
9 Antriebskette

unteren Drehzapfenwelle lockern, Seegerring der Welle ausfedern und Drehzapfenwelle herausziehen (Bild 173). Fernbedienungseinheit ausbauen, obere Federbeinbefestigung abnehmen und Federbein mit Einstellkette ausbauen.

● Bei neuerer Ausführung (Bild 174) Schraubverbindungen ② und ③ ausdrehen, obere Federbeinbefestigung lösen und Federbein abnehmen.

● ⚠ Stossdämpfer enthält hochkomprimiertes Stickstoffgas und Öl! Das unter hohem Druck stehende Federbein kann bei unsachgemässer Beseitigung schwere Verletzungen verursachen! Beseitigung eines verschlissenen Federbeines ist Sache der YAMAHA-Werkstatt. Auf keinen Fall einfach zum Schrott werfen!

Schwinge

● ⚠ In diesem Montagezustand Spiel der Schwingenlagerung am Schwingenende prüfen (max. 1 mm Spiel am Schwingenende).

● Mutter ⑤ Bild 174 ausdrehen.

● Falls Achse schwergängig, auf die über mindestens 5 Gewindegänge aufgeschraubte Mutter kurzen trockenen Schlag mit dem Gummihammer geben und so Schwingachse lösen.

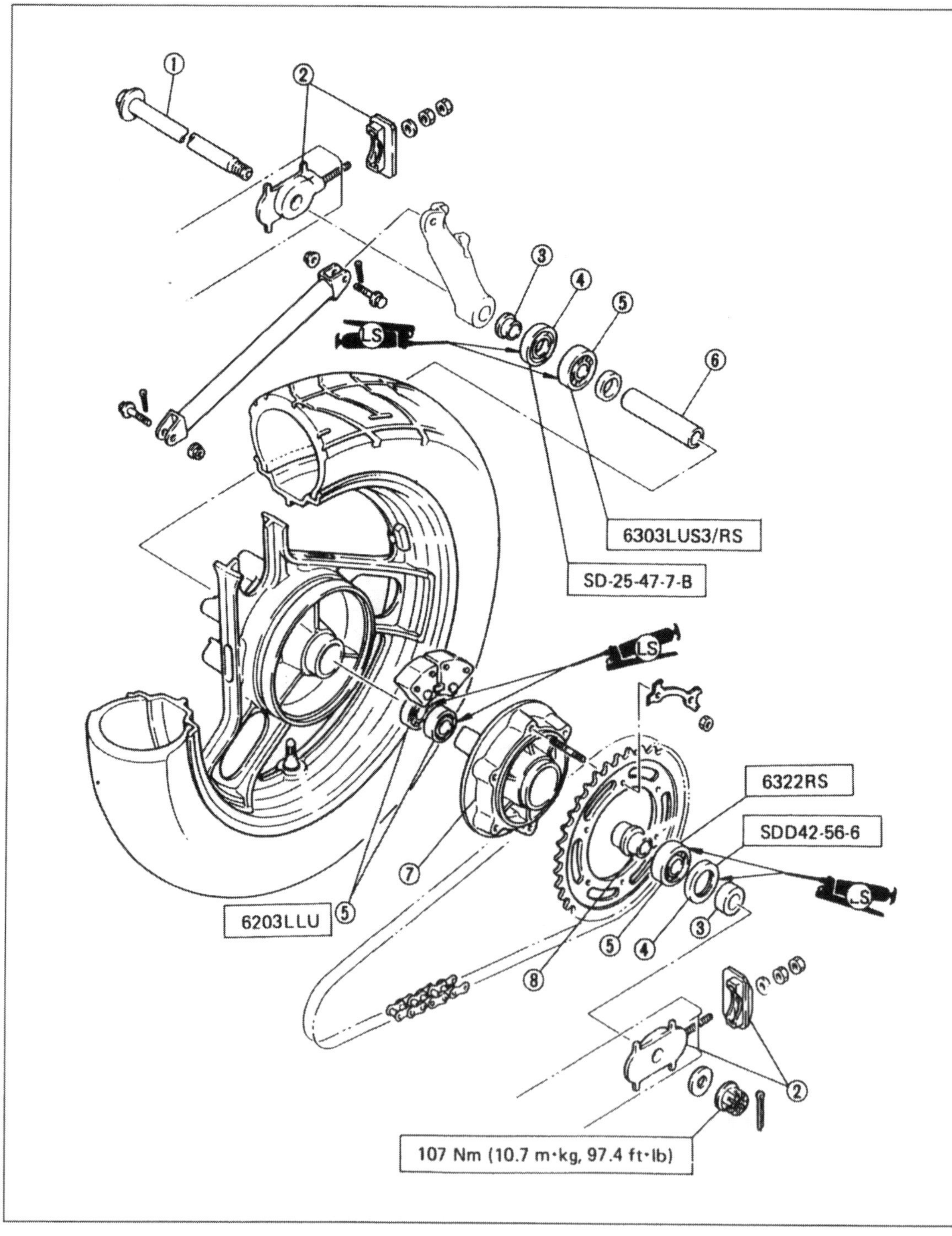

Bild 176
Hinterrad
1 Achse
2 Kettenspanner
3 Distanzring
4 Dichtring
5 Lager
6 Hülse
7 Mitnehmer
8 Hülse
LS-Fett

Achse nach links herausziehen und Schwinge entnehmen.

● ⚠ Auf Verbleib der Distanzbuchsen achten – und deren Einbaulage.

● Distanzbuchsen und Staubschutzdeckel lassen sich von Hand entnehmen. Lagerkäfige mit passendem Abzieher nach «Ziehhammer – Prinzip» austreiben, wobei diese zerstört werden.

17.2 Prüfen und Vermessen

● Verschleissgrenzen Felgenschlag wie am Vorderrad Kapitel 16.2 prüfen.

● Schwinge auf Verzug oder Risse prüfen. Schwinge muss sich bei demontiertem Hinterrad und Stossdämpfer ohne Unregelmässigkeiten auf- und abbewegen lassen.

● Seitliches Spiel der Schwinge wie im vorhergehenden Kapitelabschnitt beschrieben messen: maximal 1 mm, gemessen am Schwingenende.

● Staubdichtungen der Federbeinbefestigung auf Beschädigung überprüfen. Druckdeckel und Buchse dürfen keine Riefen oder Kratzer aufweisen.
Lager auf Grübchenbildung und übermässiges Spiel untersuchen.

● Stossdämpfer auf Ölaustritt an Dämpferstange untersuchen.

● Kettenrad auf Beschädigung und Verschleiss untersuchen.

17.3 Montage

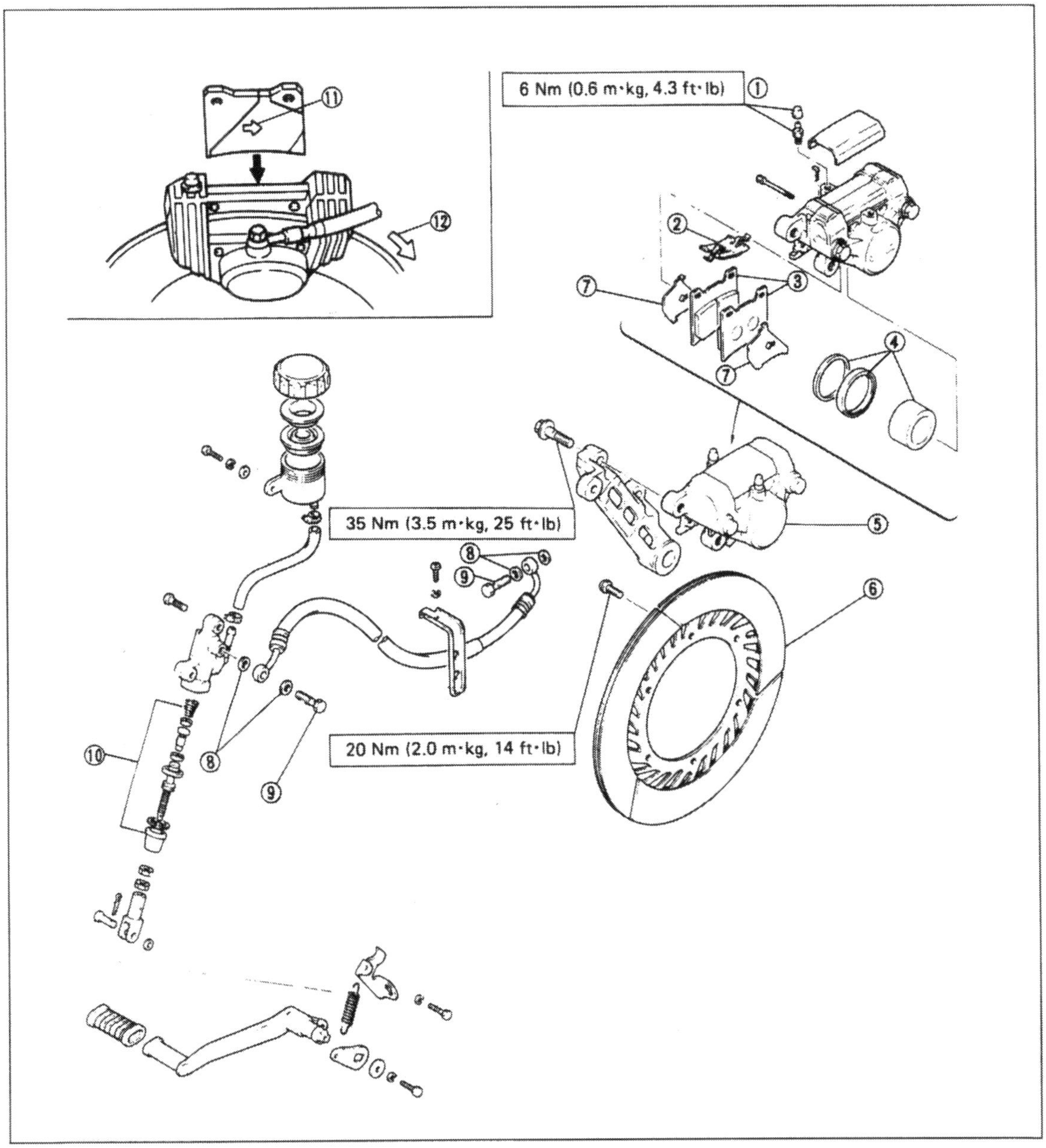

Bild 177
Hinterradbremse
1 Entlüftungsventil
2 Belagfeder
3 Bremsbelag
4 Kolbensatz
5 Bremssattel
6 Scheibe
7 Beilegscheibe
8 Kupferscheibe
9 Hohlschraube 26 Nm
10 Kolbensatz

Schwinge und Federbein – Bilder 173, 174 und 175

● In Fachwerkstatt Nadellager in Schwinge, Relais-Arm und Pleuelstange mit passendem Dorn eintrieben.

● Buchsen, Distanzscheiben und Staubdichtungen gefettet einsetzen.
● Einbaulage der Hebelei und Anzugsmomente siehe Bilder 173, 174 und 175.
● Sämtliche Verbindungsbolzen von links einschieben und Muttern rechts anziehen.

● Schwinge mit vormontierter Hebelei und aufgelegter Kette (falls Endloskette montiert) in Rahmen einsetzen.

Laufrad – Bild 176

● Lager einziehen wie am Vorderrad beschrieben (Kapitel 16.3).
● Kettenblatt anbringen. Muttern anziehen und Blechlaschen anlegen.
● Dämpfergummis in Radnabe einsetzen und Abtriebsflansch einsetzen.
● Hinterrad einsetzen, Kette auffädeln, Achse leicht gefettet einschieben und Achsmutter locker anlegen. Antriebskette spannen (Kapitel 3.16).

Bremsanlage – Bild 177

● Dichtringe und Kolben einbauen und System befüllen wie am Vorderrad beschrieben.
● Pedallage einstellen (Kapitel 3.11).

18 Kabel und Züge

Für die dauerhafte Funktion der Bowdenzüge, Elektrokabel und Schläuche ist die richtige Verlegung die wichtigste Grundvoraussetzung. Geknickte Züge scheuern durch und brechen verklemmte Kabel können Kurzschlüsse verursachen. Die folgenden Übersichtszeichnungen helfen, Kabel, Schläuche und Züge exakt zu verlegen.

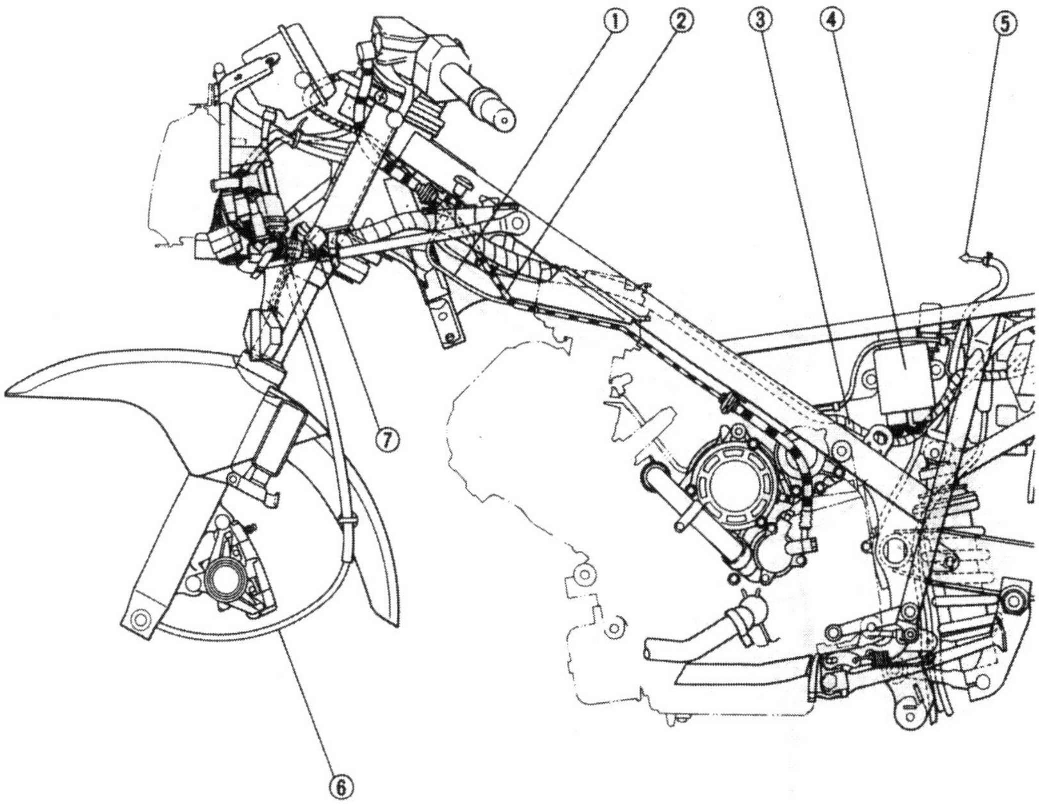

Bild 178
Kabelführungsübersicht
1 Chokeseilzug unter Seitenteil durchführen
2 Kupplungsschlauch
3 Kabelbaum
4 Zündbox
5 Tank-Überlaufschlauch (zum Tank). Überlaufschlauch vor Batteriegehäuse durchführen
6 Tachowelle
7 Diode

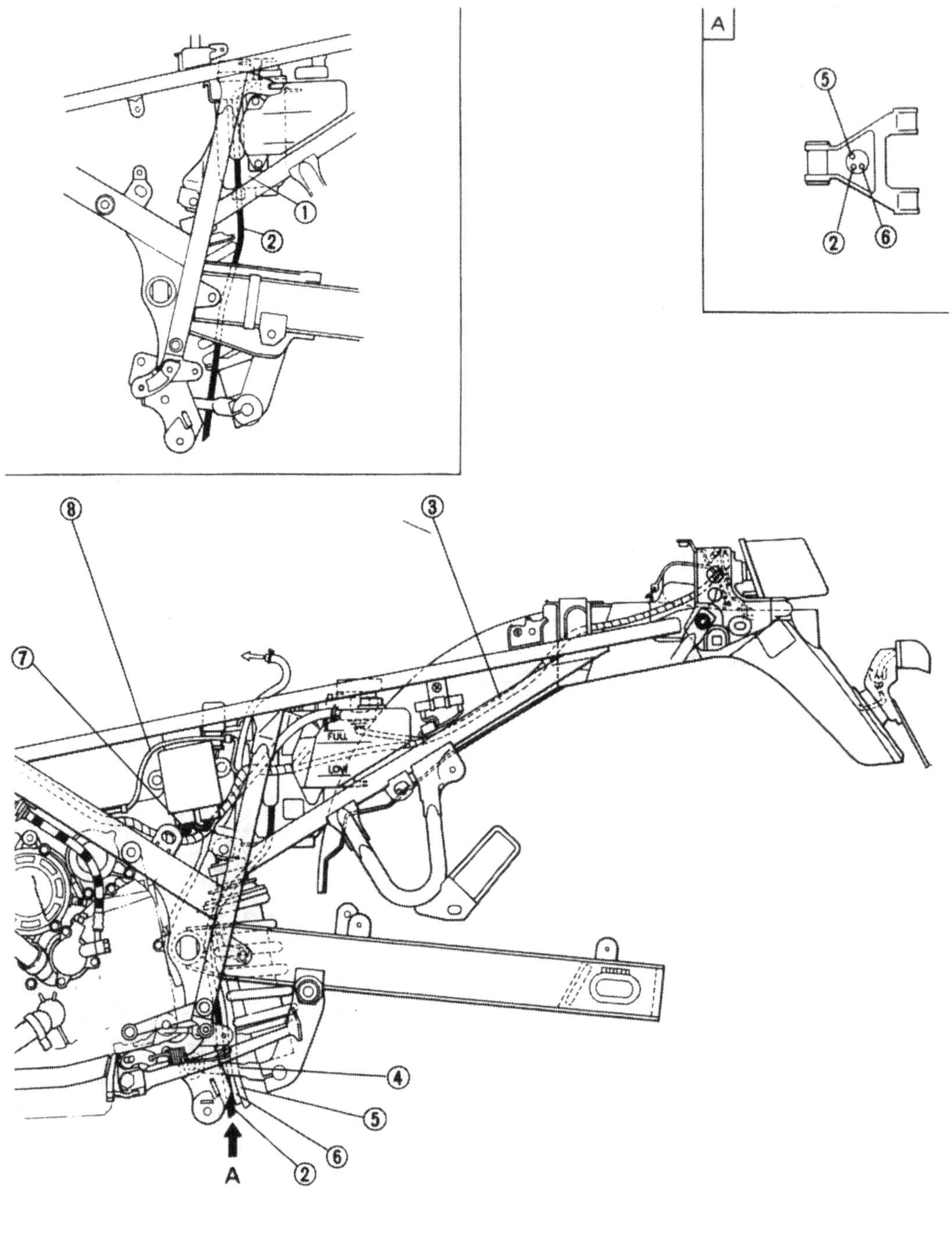

Bild 179
Kabelführungsübersicht
1 Batterie
2 Batterie-Entlüftungsschlauch
3 Kabelbaum
4 Durch Bohrung der Verbindungsstange führen
5 Tank-Überlaufschlauch
6 Tank-Überlaufschlauch
7 Zündbox-Kabel über Kabelbaum verlegen
8 Spritstandgeber-Kabel
A–Ansicht A

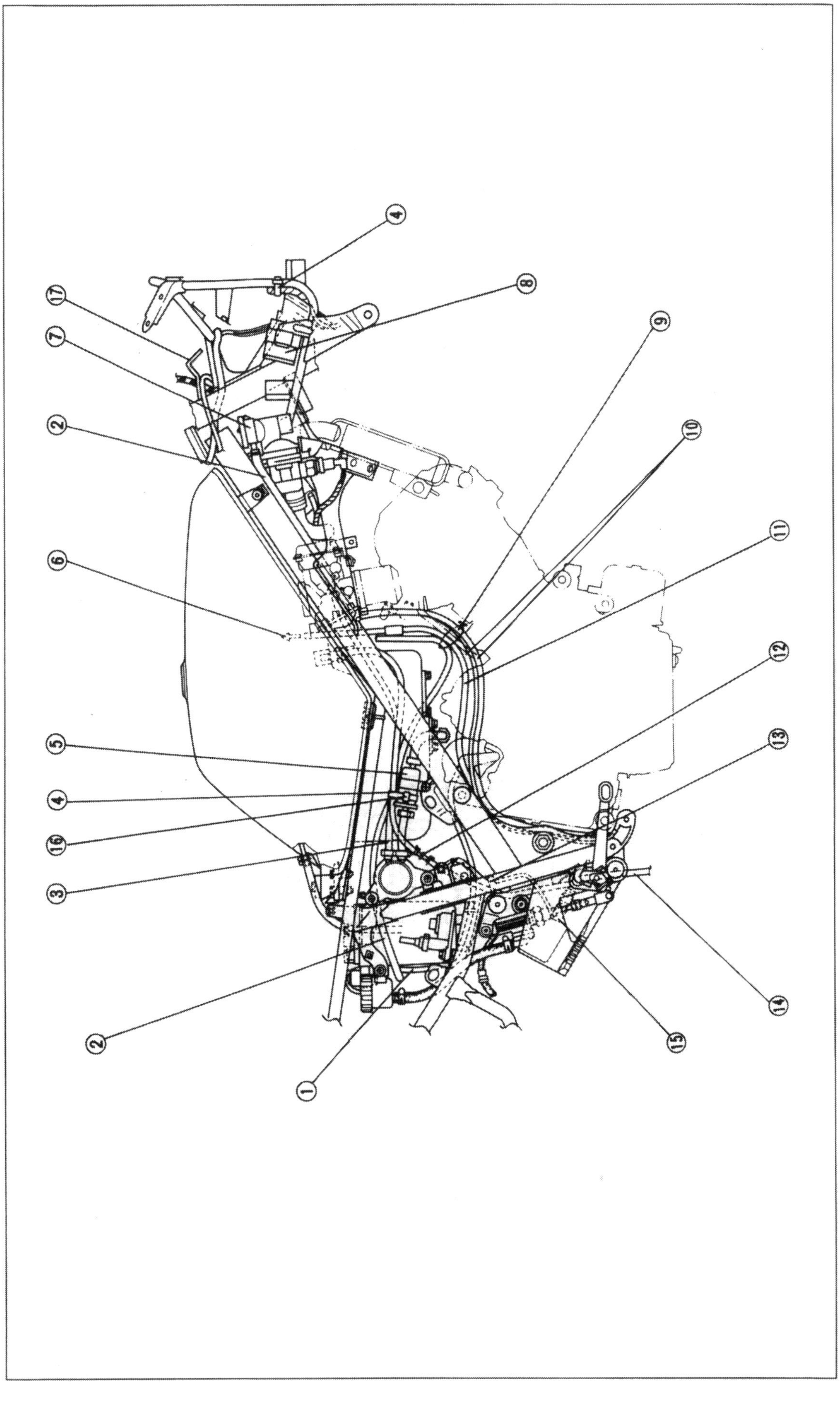

Bild 180
Kabelführungsübersicht

1 Massekabel
2 Kühlmittel-Überlaufschlauch
3 Spritschläuche
4 Band
5 Kraftstoff-Filter
6 Zum Luftfilter
7 Thermostat
8 Relais komplett
9 Fünf Leitungen / Schläuche: Öl, zwei Vergaser-Vergaserbelüftung, Luftfilter-Belüftung, Kraftstoffschlauch
10 Vergaser-Belüftungsschlauch
11 Luftfilter-Belüftungsschlauch
12 Verbindung
13 Bremslichtschalter-Kabel festklemmen
14 Tank-Überlaufschlauch zwischen Schwinge und Federbein führen, danach durch 4 Bild 179
15 Bremslichtschalter
16 Kraftstoffschlauch und Kühler-Überlaufschlauch am Kraftstoff-Filter befestigen (Kabelbinder)
17 Nur Gasseilzug durch Halter führen

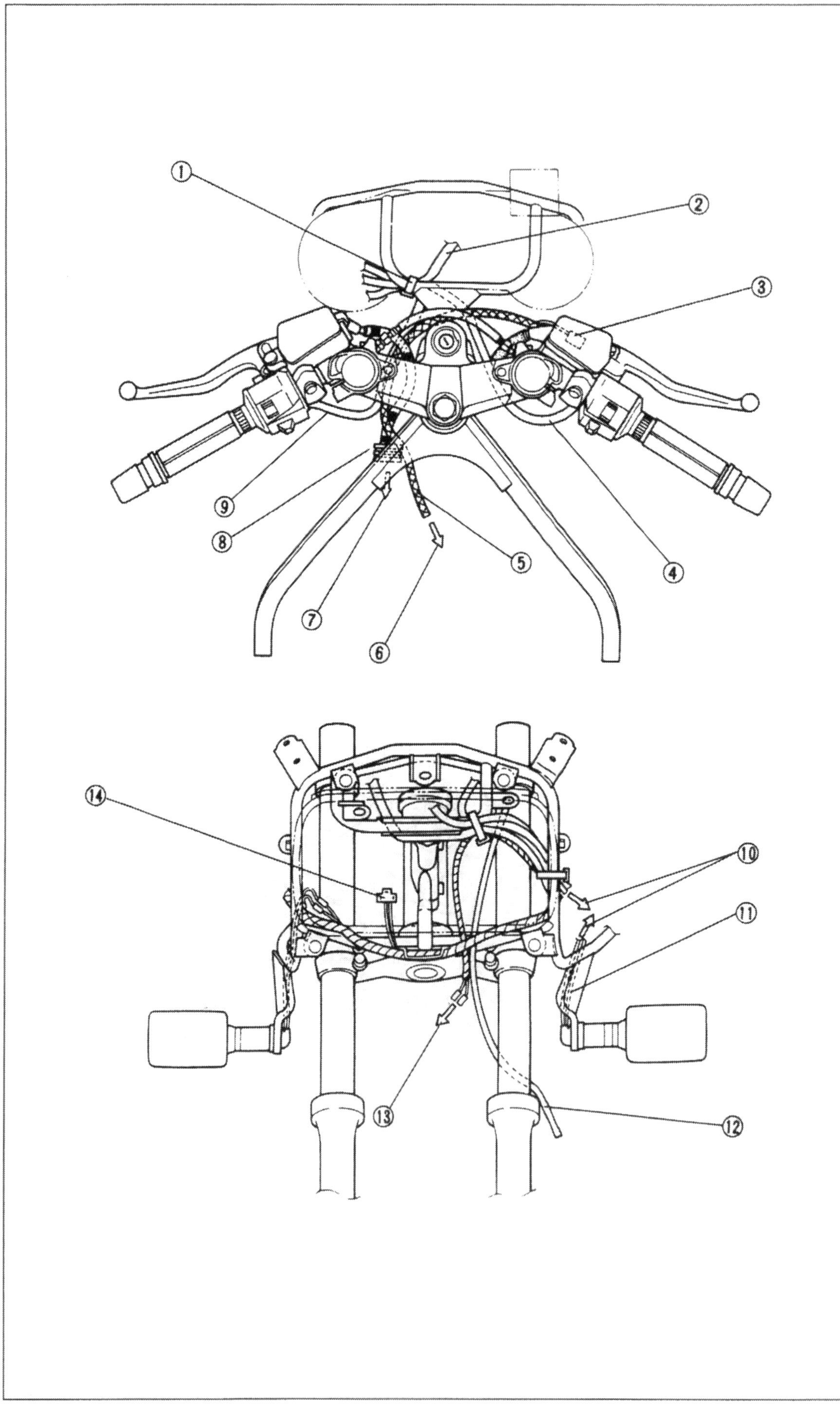

Bild 181
Kabelführungsübersicht

1 Kabel des linken Lenkerschalters, Scheinwerfers und Instrumente an Scheinwerferträger befestigen (Kabelbinder)
2 Instrumente-Kabel
3 Bremslichtschalter-Stecker
4 Lenkerschalter-Kabel rechts
5 Gasseilzug
6 Zum Vergaser
7 Zum Motor
8 Kupplungsschlauch
9 Lenkerschalterkabel links
10 Zum Kabelbaum
11 Blinkerkabel links
12 Tachowelle
13 Zur Hupe
14 Scheinwerferkabel

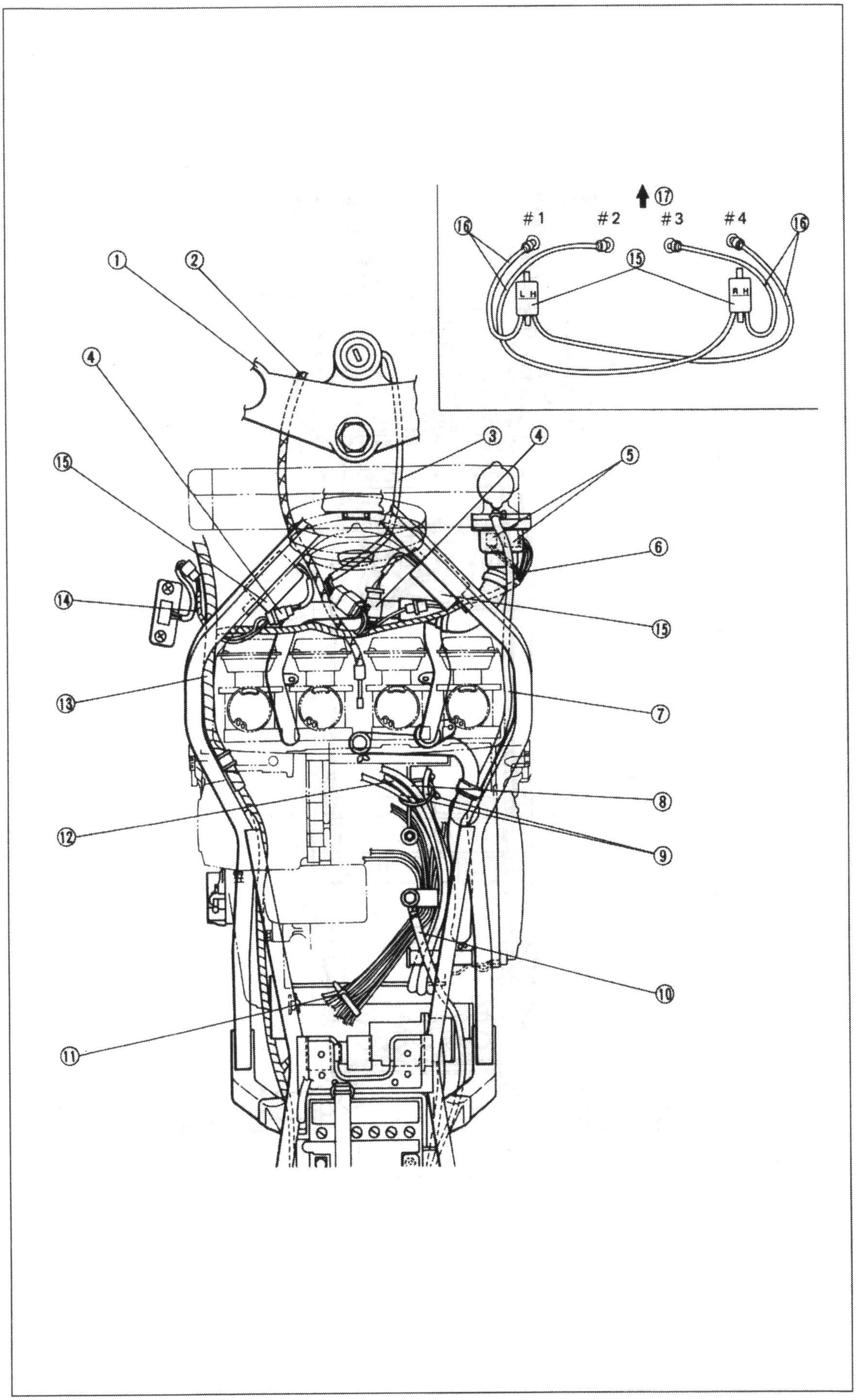

Bild 182
Kabelführungsübersicht
1 Obere Gabelbrücke
2 Gasseilzug
3 Zündschloss-Kabel unter oberer Gabelbrücke und zwischen Tankhalterung und Seitenteil führen. Anschliessend Stecker über Kühler verbinden
4 Zündspulen-Stecker
5 Thermoschalter-Stecker
6 Lüftermotor-Kabel
7 Kühler-Überlaufschlauch
8 Luftfilter-Belüftungsschlauch
9 Vergaser-Belüftungsschlauch
10 Massekabel
11 Kabelbinder
12 Kraftstoffschläche
13 Kabelbaum
14 Kabel des Kraftstoff-Reserve-schalters
15 Zündspule
16 Zündkerzenkabel
17 Vorn

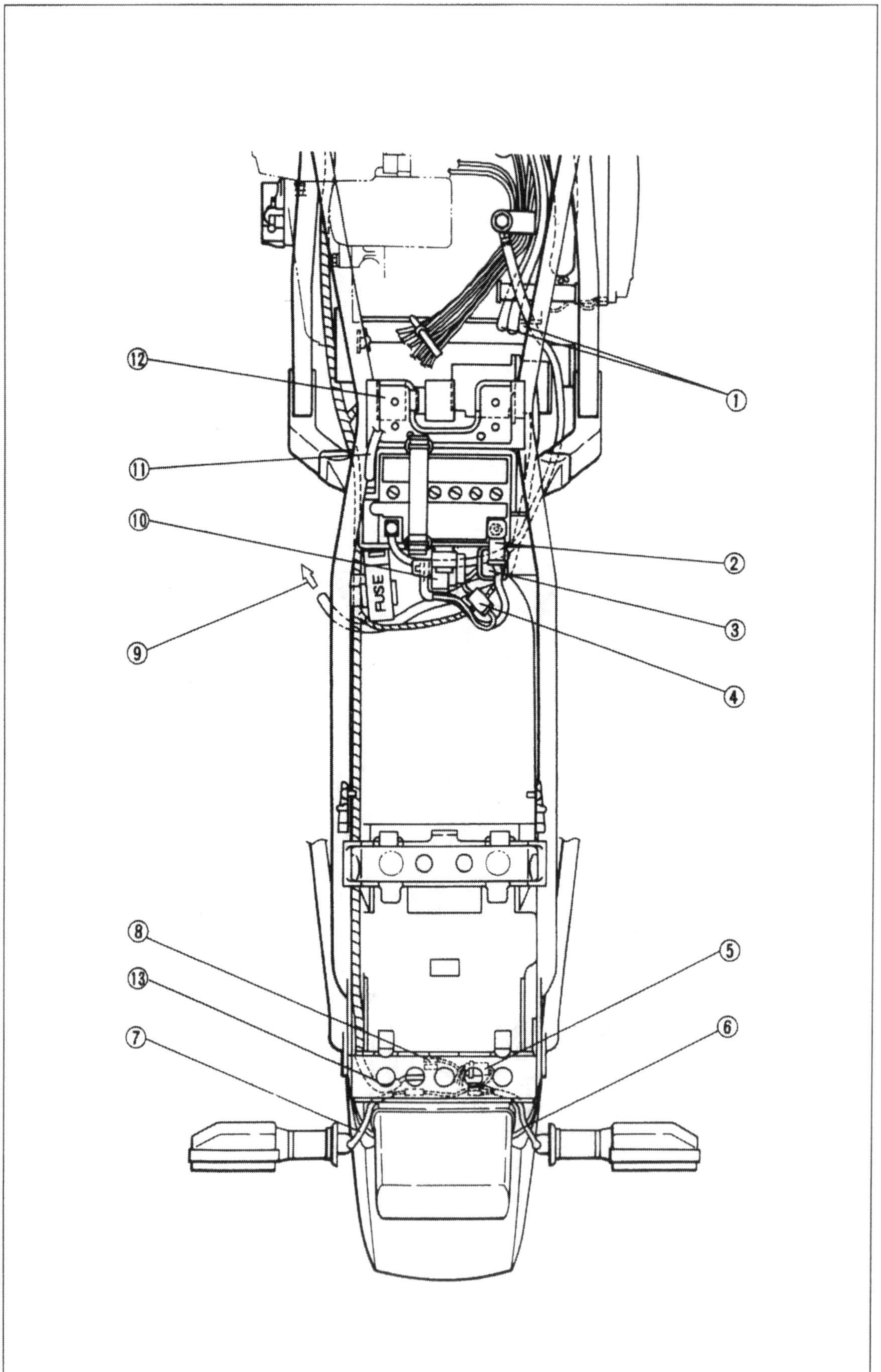

Bild 183
Kabelführungsübersicht
1 Vergaser-Überlaufschlauch zwischen Motor und Schwingenachse führen
2 Batterie-Pluskabel
3 Hauptsicherung
4 Hauptsicherungs-Stecker
5 Rückleuchten-Stecker
6 Blinkerkabel rechts
7 Blinkerkabel links
8 Kennzeichenbeleuchtungs-Stecker
9 Stecker des Kühlmittel-Ausgleichsbehälters
10 Starterrelais
11 Tank-Überlaufschlauch
12 Kraftstoffpumpen-Relais
13 Kabel der Kennzeichenbeleuchtungs-Stecker, Blinker (rechts und links) und Rückleuchte am Heckteil befestigen (Kabelbinder)

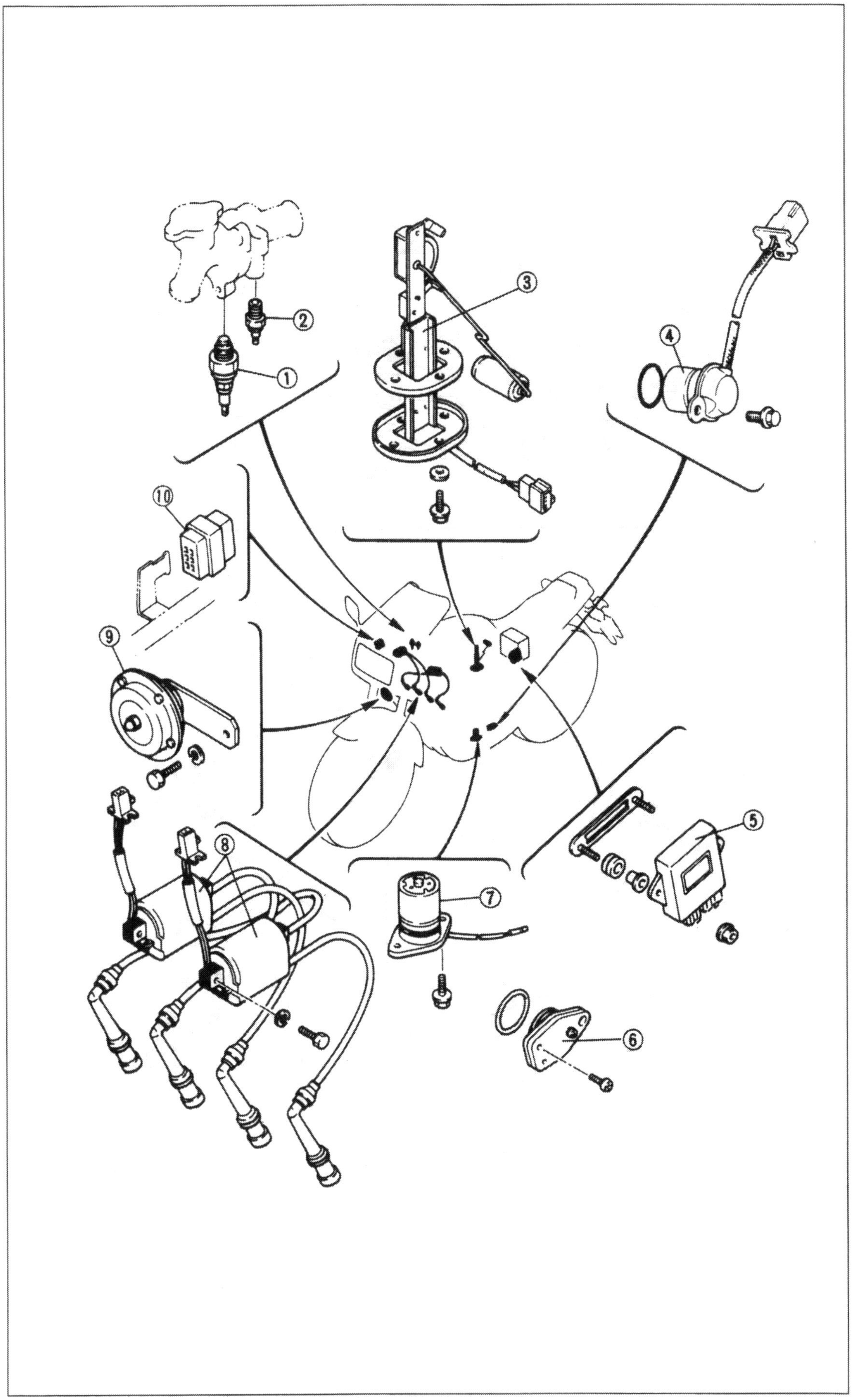

Bild 184
Elektrische Bauteile
1 Thermoschalter
2 Thermofühler
3 Kraftstoff-Zuleitung
4 Pickup
5 Zündung
6 Leerlaufschalter
7 Ölstandgeber
8 Zündspule
9 Hupe
10 Relais-Einheit

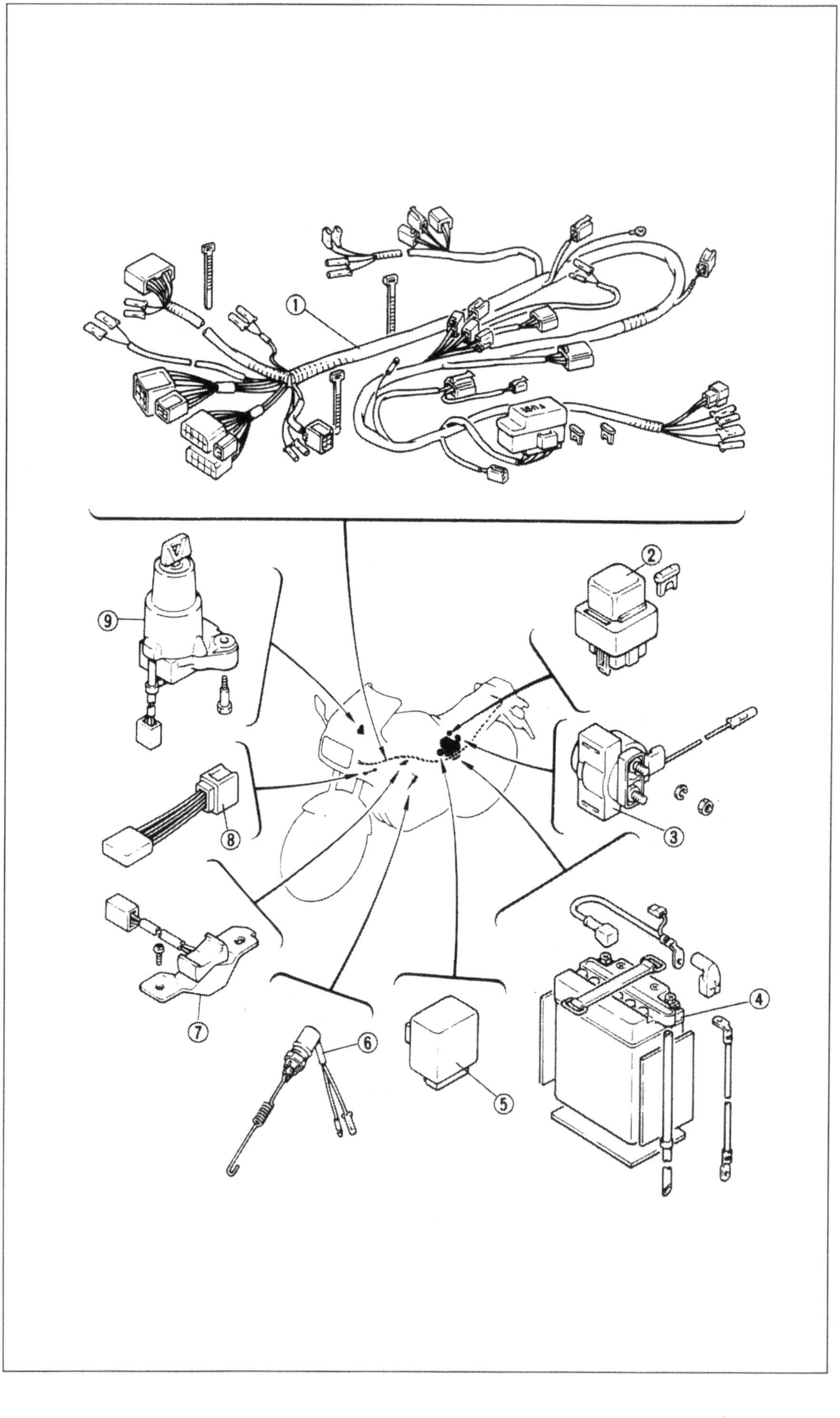

Bild 185
Elektrische Bauteile
1 Kabelbaum
2 Sicherungskasten
3 Relaisschalter
4 Batterie
5 Kraftstoffpumpensteuerung
6 Bremslichtschalter (hinten)
7 Reserveschalter
8 Diode
9 Zündschloss
A – Batterie
B – Kapazität 12 V 14 h
C – Dichte (Elektrolyt) 1,280

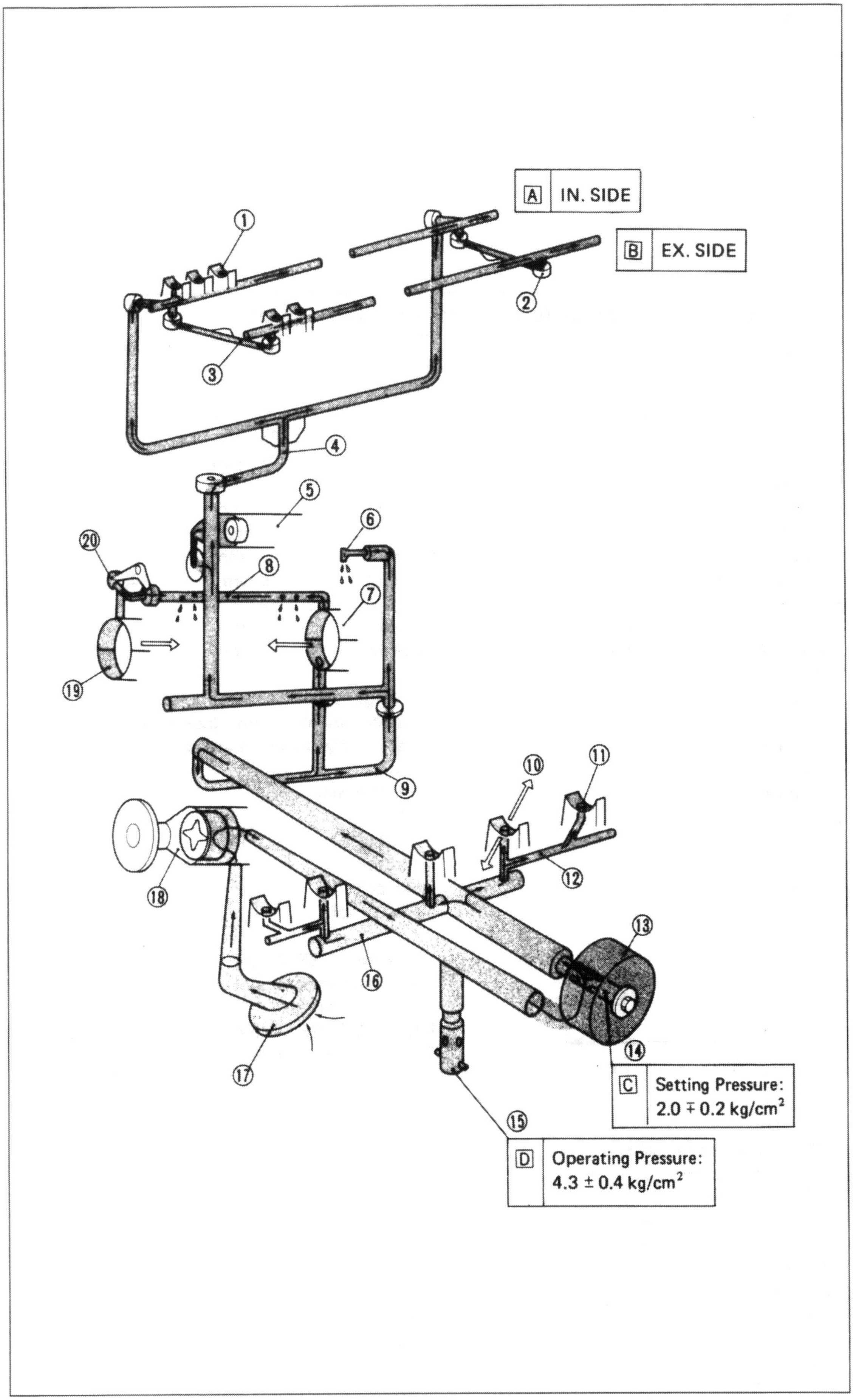

Bild 186
Ölkreislauf
1 Nockenwellenlager und Tassenstössel
2 Ölförderrohr (3)
3 Ölförderrohr (4)
4 Ölförderrohr (1)
5 Generator
6 Düse (Generatorwelle und -kette)
7 Nebenwelle
8 Schaltgabel
9 Ölförderrohr (5)
10 Pleuellager
11 Kurbelwellenlager
12 Hilfskanal
13 Ölfilter
14 Umgehungsventil
15 Überdruckventil
16 Hauptkanal
17 Ölfiltersieb
18 Ölpumpe
19 Hauptwelle
20 Ölförderrohr (2)
A – Einlass
B – Auslass
C – Einstelldruck
D – Öffnungsdruck

Technische Daten FZ 750

Allgemeine Technische Daten (E: England – S: Schweiz)

Modell-Code-Nummer	1 FN	1 FV (S)	
Motor-Anfangsseriennummer	1 FN-000101	1 FV-000101	
Rahmen-Anfangsseriennummer	1 FN-000101	1 FV-000101	
Abmessungen:		1987	1989
– Gesamtlänge	2295 mm	2230 mm	2235 mm
– Gesamtbreite	755 mm		
– Gesamthöhe	1165 mm	1200 mm	1200 mm
– Sitzhöhe	790 mm	800 mm	800 mm
– Radstand	1485 mm	1490 mm	1490 mm
– Mindestbodenfreiheit	160 mm	145 mm	145 mm
Grundgewicht:			
– Mit Öl- und Kraftstoffstand	232 kg	229 kg	232 kg
Kleinster Wendekreishalbmesser	3400 mm	3500 mm	
Motor:			
– Bauart	Wassergekühlter Viertakt-Otto-Motor mit doppelter obenliegender Nockenwelle		
– Zylinder	Parallel, Vierzylinder, Vorwärts geneigt		
– Hubraum	749 cm^3		
– Bohrung × Hub	68 × 51,6 mm		
– Verdichtungsverhältnis	11,2:1		
– Verdichtungsdruck	1078,8 kPa (11 kg/cm^2)	1100 kPa	
– Anlass-System	Elektrisch		
Schmiersystem	Nass-Sumpf		
Ölsorte und Qualität:			
– Motoröl 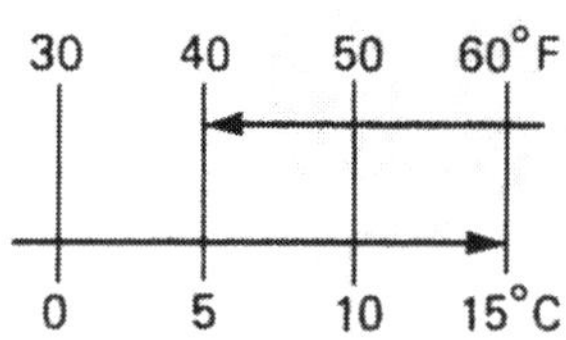	SAE 20 W 40 SE Motoröl (Wenn die Temperatur nicht unter 5° C [40° F] absinkt. SAE 10 W 30 SE Motoröl (Wenn die Temperatur nicht über 15° C [60° F] ansteigt.		
Ölmenge:			
– Motoröl:			
Regelmässiger Ölwechsel	2,70 Liter		
Mit Ölfilterwechsel	3 Liter		
Gesamtölmenge	3,5 Liter		
Kühlmittel-Gesamtmenge:			
– (einschliesslich aller Kanäle)	2,59 Liter		2,30 Liter
Luftfilter	Trockenelement		
Kraftstoff:			
– Kraftstoffsorte	Normalbenzin		
– Kraftstofftank	22 Liter	21 Liter	21 Liter
Vergaser:			
– Bauart/Hersteller	BDS 34 × 4/Mikuni		

Zündkerze:		
– Bauart/Hersteller	DR8ES-L/NGK, X24ESR-U9/ Nippon-Denso	
– Elektrodenabstand	0,6 ~ 0,7 mm (0,024 ~ 0,028 in)	
Kupplungsbauart:	Mehrscheiben-Nass-Kupplung	
Getriebe:		
– Primäruntersetzungssystem	Stirnradgetriebe	
– Primäruntersetzungsverhältnis	91/48 (1,896)	
– Sekundäruntersetzungssystem	Wellenantrieb	
– Sekundäruntersetzungsverhältnis	44/16 (2,750)	43/16 (2,688)
– Getriebebauart	Synchrongetriebe, 6-Gang	
– Bedienungssystem	Linke Fussbedienung	
– Untersetzungsverhältnisse:		
1. Gang	37/13 (2,846)	
2. Gang	35/16 (2,188)	
3. Gang	32/18 (1,778)	
4. Gang	30/20 (1,500)	
5. Gang	28/22 (1,273)	
6. Gang	26/24 (1,083)	
Fahrgestell:		
– Rahmenbauart	Doppelschleifenrahmen	
– Nachlauf	25,5°	
– Nachlaufbetrag	94 mm	92 mm
Reifen:		
– Bauart	Schlauchlos	
– Reifengrösse		
Vorderrad	120/80 V 16-V 240	120/70 V 17 V 250
Hinterrad	130/80 V 18 V 240	140/70 V 18 V 250
Reifendruck (kalt)–		
– Grundgewicht:		
Mit Öl- und Kraftstoffstand	232 kg	229 kg
Maximale zul. Last*	213 kg	201 kg
Kalter Zustand		
Bis zu 90 kg (198 lb) Last* – Vorne	196 kPa	200 kPa
Bis zu 90 kg (198 lb) Last* – Hinten	226 kPa	230 kPa
90 kg Last ~ Maximal zul. Last* – Vorne	226 kPa	230 kPa
90 kg Last ~ Maximal zul. Last* – hinten	284 kPa	290 kPa
Hochgeschwindigkeitsfahrt – Vorne	226 kPa	230 kPa
Hochgeschwindigkeitsfahrt – Hinten	245 kPa	250 kPa

* Die Last ist das Gesamtgewicht der Zuladung, des Fahrers, des Sozius und des Zubehörs

Bremsen:		
– Vorderradbremse	Doppel, Scheibenbremse	
– Betätigung	Rechte Hand	
– Hinterradbremse	Einfach, Scheibenbremse	
– Betätigung	Rechter Fuss	
Radaufhängung		
– Vorderradaufhängung	Teleskopgabel	
– Hinterradaufhängung	Schwinge (Link suspension)	
Stossdämpfer:		
– Vorne	Schraubenfeder, Luft, Öldämpfer	
– Hinten	Schraubenfeder, Gas-/Öldämpfer	
Hub des Rades:		
– Vorne	140 mm	
– Hinten	120 mm	132 mm
Elektrische Anlage:		
– Zündung	Batterie	

– Lichtmaschine	Wechselstromgenerator
– Batterie-Modell	YB 14 L
– Batterie-Kapazität	12 V 14 Ah
Scheinwerferkonstruktion	Glühbirnen-Typ (Quarz-Lampe)
Glühbirnen-Leistung × Anzahl:	
– Scheinwerfer	12 V, 60 W/55 W × 1
– Schluss-/Bremslicht	12 V, 5 W/21 W × 2
– Blinklicht	12 V, 21 W × 4
– Instrumentenbeleuchtung	12 V, 3,4 W × 4
– Nummernschildbeleuchtung, Zusatzleuchte	12 V, 4 W × 1, ausgenommen (E) 12 V, 3,4 W × 1; (E)
Kontrollampe:	
– Leistung × Anzahl:	
«NEUTRAL»	12 V, 3,4 W × 1
– «HIGH BEAM»	12 V, 3,4 W × 1
– «TURN»	12 V, 3,4 W × 2
– «OIL»	12 V, 3,4 W × 1

Motor

Zylinderkopf:	
– Verzugsgrenze*	0,03 mm (0,0012 in) *Linien zeigen Messung mit Haarlineal

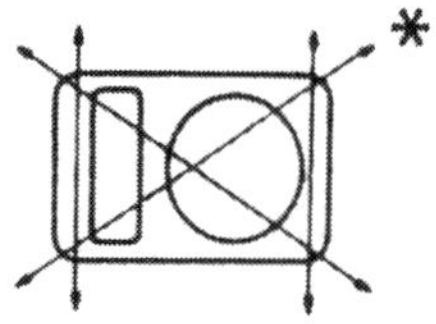

Zylinderblock:	
– Bohrungsdurchmesser	68,000 ~ 68,005 mm
– Konizitäts-Verschleissgrenze	0,05 mm
– Unrundheitsgrenze	0,05 mm
Nockenwelle:	
– Antriebsverfahren	Kettentrieb
– Innendurchmesser des Nockenwellen-Lagerdeckels	24,500 ~ 24,521 mm
– Nockenwellen-Aussendurchmesser	24,437 ~ 24,450 mm
– Spiel Welle/Lagerdeckel	0,050 ~ 0,084 mm
– Nocken-Abmessungen – Einlass «A»	32,55 ~ 32,65 mm
‹Grenze›	32,45 mm
– Nocken-Abmessungen – Einlass «B»	24,95 ~ 25,05 mm
‹Grenze›	24,85 mm
– Nocken-Abmessungen – Auslass «A»	32,4 ~ 32,5 mm
‹Grenze›	32,3 mm
– Nocken-Abmessungen – Auslass «B»	24,95 ~ 25,05 mm
‹Grenze›	24,85 mm
Nockenwellen-Schlaggrenze	0,03 mm

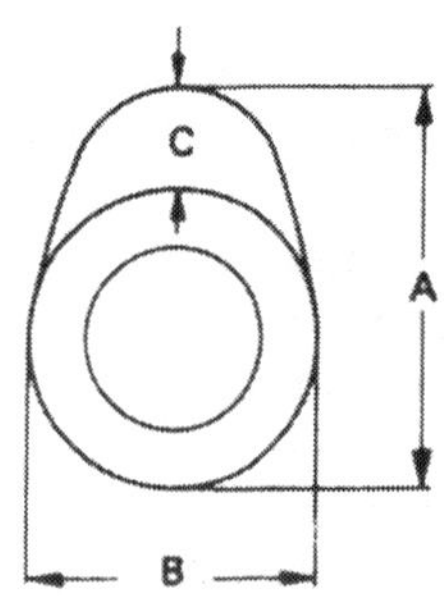

Steuerkette:	
– Steuerkette/Anzahl der Kettenglieder	DID219FTS (Buchsenkette)/ 110 Glieder
– Steuerketten-Einstellung	Automatisch
Ventile, Ventilsitze, Ventilführungen:	
– Ventilspiel (Kalter Zustand):	
Einlass	0,11 ~ 0,20 mm (0,0043 ~ 0,0079 in)
Auslass	0,12 ~ 0,03 mm (0,0083 ~ 0,0118 in)

Ventil-Abmessunge

Ventilteller-Durchmesser «A» – Einlass	20,9 ~ 21,1 mm (0,8228 ~ 0,8307 in)
Ventilteller-Durchmesser «A» – Auslass	22,9 ~ 23,1 mm (0,9016 ~ 0,9094 in)
Ventilteller-Breite «B» – Einlass	1,98 ~ 2,55 mm (0,0779 ~ 0,1004 in)
Ventilteller-Breite «B» – Auslass	1,98 ~ 2,55 mm (0,0779 ~ 0,1004 in)
Ventilsitz-Breite «C» – Einlass	0,9 ~ 1,1 mm (0,0354 ~ 0,0433 in)
Ventilsitz-Breite «C» – Auslass	0,9 ~ 1,1 mm (0,0354 ~ 0,0433 in)
Ventilteller-Stärke «D» – Einlass	0,6 ~ 0,8 mm (0,0236 ~ 0,0315in)
Ventilteller-Stärke «D» – Auslass	0,6 ~ 0,8 mm (0,0236 ~ 0,0315in)
Ventilschaft-Aussendurchmesser – Einlass	4,975 ~ 4,990 mm (0,1959 ~ 0,1965 in)
Ventilschaft-Aussendurchmesser – Auslass	4,960 ~ 4,975 mm (0,1953 ~ 0,1959 in)
‹Grenze› – Einlass	4,945 mm (0,1947 in)
‹Grenze› – Auslass	4,930 mm (0,1941 in)
Ventilführungs-Innendurchmesser – Einlass	5,000 ~ 5,012 mm (0,1969 ~ 0,1973 in)
Ventilführungs-Innendurchmesser – Auslass	5,000 ~ 5,012 mm (0,1969 ~ 0,1973 in)
‹Grenze› – Einlass	5,05 mm (0,1988 in)
‹Grenze› – Auslass	5,05 mm (0,1988 in)
Spiel zwischen Ventilschaft – Einlass	0,010 ~ 0,037 mm (0,0004 ~ 0,0015 in)
Spiel zwischen Ventilschaft – Auslass	0,025 ~ 0,052 mm (0,0010 ~ 0,0020 in)
‹Grenze› – Einlass	0,08 mm (0,0031 in)
‹Grenze› – Auslass	0,10 mm (0,0039 in)
Max. zul. Ventilschaftschlag	0,01 mm (0,0004 in)

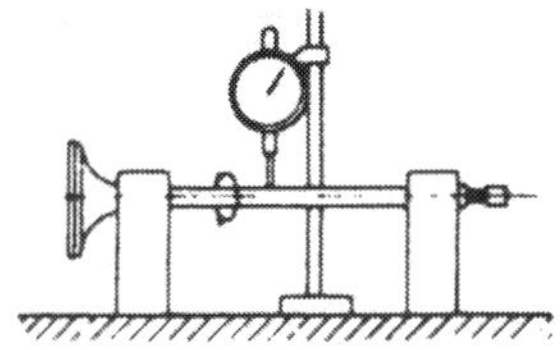

Ventilfeder:	
– Ungespannte Länge – Einlass	39,76 mm (1,565 in)
– Ungespannte Länge – Auslass	39,96 mm (1,573 in)
Einbaulänge (Ventil geschlossen) – Einlass	35 mm (1,378 in)
Einbaulänge (Ventil geschlossen) – Auslass	35 mm (1,378 in)
Federkraft im eingebauten Zustand (Ventil geschlossen):	
– Einlass	7,3 ~ 8,7 kg (16,1 ~ 19,2 lb)
– Auslass	11 ~ 13 kg (24,3 ~ 28,7 lb)
Rechtwinkligkeitgrenze – Einlass	2,5° / 1,7 mm (0,067 in)
Rechtwinkligkeitgrenze – Auslass	2,5° / 1,7 mm (0,067 in)

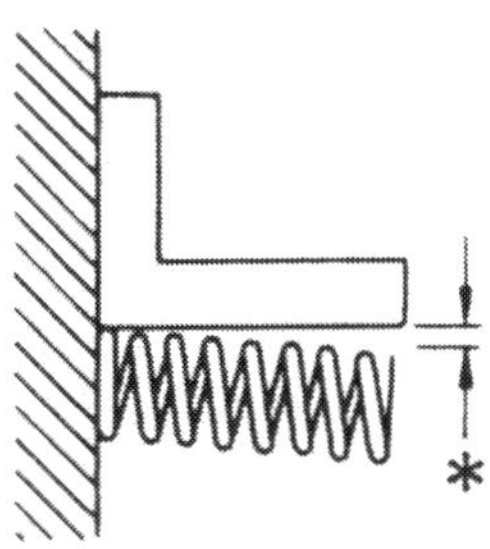

MASS- und EINSTELL-DATEN

Windungsrichtung (Draufsicht) – Einlass	Rechts	
Windungsrichtung (Draufsicht) – Auslass	Rechts	
Kolben:		
– Kolbenspiel	0,06 ~ 0,08 mm	
– ‹Grenze›	0,10 mm	
– Kolbengrösse «D»	67,925 ~ 67,940 mm	
– Messpunkt «H»	5 mm	3 mm

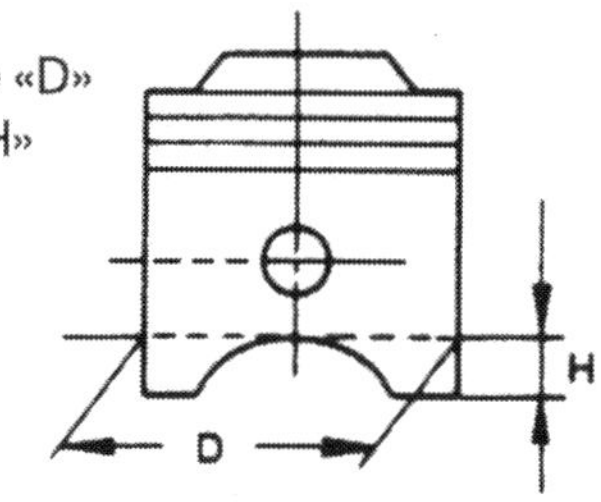

Übergrössen – 1. Stufe	68,50 mm	
Übergrössen – 2. Stufe	69 mm	
Kolbenring:		
– Oberster Ring:		
Bauart	Tonnenförmig	
Abmessungen (B × T)	1 × 2,6 mm	0,8 × 2,6 mm
Ringendspalt (Einbauart)	0,30 ~ 0,45 mm	
Seitliches Spiel (Einbauart)	0,03 ~ 0,07 mm	

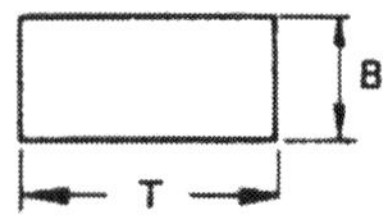

– Zweiter Ring:		
Bauart	Massivring (Wölbung)	
Abmessungen (B × T)	1,2 × 2,7 mm	1 × 2,8 mm
Ringendspalt (Einbauart)	0,20 ~ 0,35 mm	
Seitliches Spiel (Einbauart)	0,03 ~ 0,07 mm	

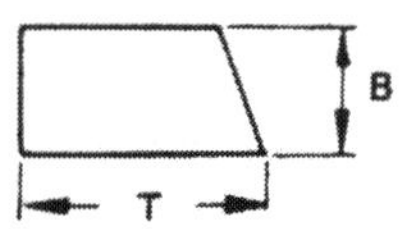

– Ölabstreifring–	
Abmessungen (B × T)	2 × 2,5 mm
Ringendspalt (Einbauart)	0,2 ~ 0,7 mm

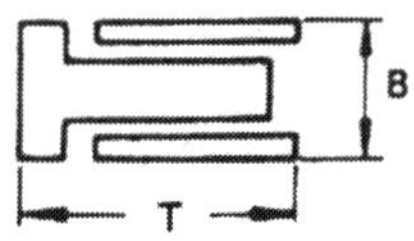

Pleuelstange:	
– Spiel	0,032 ~ 0,056 mm
– Farbenkodierung	1. Blau, 2. Schwarz, 3. Braun, 4. Grün
Kurbelwelle:	

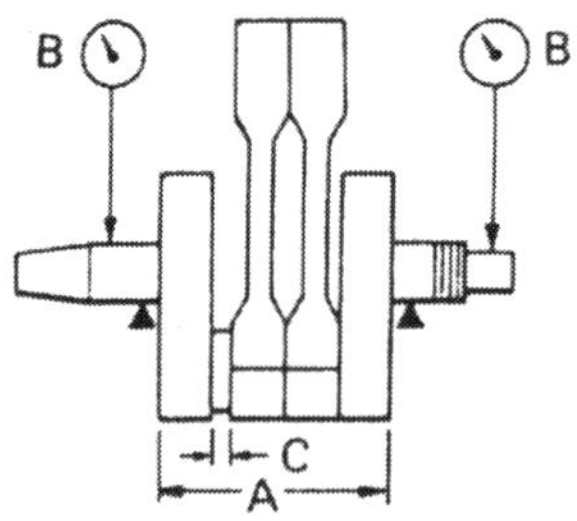

– Abstand zwischen Kurbelwangen «A»	55,7 ~ 59,5 mm	
– Abstand zwischen äusseren Kurbelwangen «B»	339,8 ~ 340,2 mm	
– ‹Schlaggrenze› «C»	0,03 mm	
– Seitliches Spiel am Pleuelfuss «D»	0,160 ~ 0,262 mm	
– Lagerzapfenspiel	0,020 ~ 0,044 mm	0,040 ~ 0,064 mm
– Farbenkodierung	1. Blau, 2. Schwarz, 3. Braun, 4. Grün, 5. Gelb	
Kupplung:		
– Stärke der Reibscheibe	2,9 ~ 3,1 mm	
– Anzahl	8 Stück	
– ‹Verschleissgrenze›	2,8 mm	
– Stärke der Kupplungsscheibe	1,9 ~ 2,1 mm	
– Anzahl	7 Stück	
– ‹Verzugsgrenze›	0,1 mm	
– Federhöhe im ungespannten Zustand	55,5 mm	
– Anzahl	6 Stück	

– Minimalhöhe	54 mm		
– Biegungsgrenze von Schubstange	0,3 mm		
– Auskupplungsmethode	Hydraulisch betätigte, innere Schubstange		
Getriebe:			
– Schlaggrenze von Hauptwelle	0,08 mm		
– Schlaggrenze von Antriebswelle	0,08 mm		
Schaltung:			
– Schaltungsart	Führungsstange		
– Max. zul. Führungsstangenschlag	0,1 mm		
Vergaser:			
– Identifikationsmarkierung	1FN00	2MG00	3DX00 1FM00 (S)
– Hauptdüse (M.J.)	# 105		# 102,5
– Hauptluftdüse (M.A.J.)	# 65		
– Düsennadel (J.N.)	5CEZ1		
– Nadeldüse (N.J.)	Y-2		
– Leerlaufluftdüse (P.A.J.)	# 115		
– Pilotjet (P.J.)	# 15		
– Leerlaufschraube (P.S.)	3 Ausdrehungen	2 Ausdrehungen	
– Ventilsitzgrösse (V.S.)	Ø 1,2		
– Starterdüse (G.S. 1)	# 37,5	# 32,5	
– Starterdüse (G.S. 2)	Ø 0,5		
– Kraftstoffstand (F.L.)	8,3 ± 1 mm		
– Motor-Leerlaufdrehzahl	950 ~ 1050 U/min		1000 ~ 1100 U/min
– Unterdruck bei Leerlaufdrehzahl	Über 200 mm Hg		
– Unterdruckdifferenz	Unter 10 mm Hg		
Kraftstoffpumpe:			
– Bauart	Elektrische Ausführung		
– Max. Stromverbrauch	1,0 A		
– Förderdruck	15,7 kPa (0,16 kg/cm², 2,28 psi)		
Schmiersystem:			
– Ölfiltertyp	Papiereinsatz		
– Ölpumpe	Trochoide-Pumpe		
– Spitzenspiel	0,09 ~ 0,15 mm		
– Seitliches Spiel	0,03 ~ 0,08 mm		
Umgehungsventil-Einstelldruck	176,5 ~ 215,8 kPa (1,8 ~ 2,2 kg/cm², 25,6 ~ 31,3 psi)		
Überdruckventil-Ansprechdruck	382,5 ~ 460,9 kPa (3,9 ~ 4,7 kg/cm², 55,5 ~ 66,8 psi)		
Kühlsystem:			
– Kühler-Abmessungen – Breite	350 mm		
– Kühler-Abmessungen – Höhe	185 mm		
– Kühler-Abmessungen – Tiefe	32 mm		
Kühlerdeckel-Öffnungsdruck	74 ~ 103 kPa (0,75 ~ 1,05 kg/cm²) (0,75 ~)1,05 kg/cm², 10,7 ~ 14,9 psi)		
Ausgleichsbehälter-Fassungvermögen	0,29 L (0,26 Imp qt, 0,31 US qt)		
– (von unterer bis oberer Standmarkierung)	0,15 L (0,13 Imp qt, 0,16 US qt)		
Kühlwasserpumpe:			
– Bauart	Untersetzungsverhältnis		
– Kreiselpumpe mit einfacher Ansaugung	91/48 × 41/43 (1,8089)		

Fahrgestell

Lenkungssystem:	
– Lenkerschaltlager	Kegelrollenlager

MASS- und EINSTELL-DATEN

Vorderradaufhängung:			
– Hub der Vorderradgabel	140 mm		
– Ungespannte Federlänge	430 mm		559 mm
‹Grenze›	425 mm		554 mm
– Hülsenlänge	110 mm		
– Federkonstante			
K1	4,12 N/mm		4,9 N/mm
	(0,42 kg/mm, 23,52 lb/in)		
K2	6,86 N/mm		7,8 N/mm
	(0,7 kg/mm, 39,2 lb/in)		
– Hub			
K1	0 ~ 100 mm		0 ~ 80 mm
K2	100 ~ 140 mm		80~140 mm
– Zusätzliche Feder	Nein		
– Öleinfüllmenge	408 cm^3		404 cm^3
– Ölsorte	Gabelöl 10 W oder gleichwertiges		
– Luftdruck:			
Standard	0 kPa (0 kg/cm^2, 0 psi)		
Maximum	39 kPa (0,4 kg/cm^2, 5,7 psi)		
Hinterradaufhängung:			
– Hub des Stossdämpfers	40 mm	50 mm	
– Ungespannte Federlänge	174,5 mm	202 mm	
‹Grenze›	170 mm		
– Einbaulänge	156,5 mm	190 mm	
– Federkonstante	166 N/mm	147 N/mm	
	(17 kg/mm, 952 lb/in)		
– Hub	0 ~ 40 mm	0 ~ 50 mm	
– Zusätzliche Feder	Nein		
– Gasdämpferdruck	1,177 kPa (12 kg/ cm^2, 171 psi)		1200 kPa
Hinterradschwinge:			
– Spielgrenze der Hinterradschwinge:			
Endspiel	1 mm		
Seitliches Spiel	1 mm		
Vorderrad:			
– Bauart	Gussfelge		
– Felgengrösse	MT 2,75 × 16		
– Felgenmaterial	Aluminium		
– Felgen-Verschleissgrenzen			
Senkrecht	1 mm		
Seitlich	0,5 mm		
Hinterrad:			
– Bauart	Gussfelge		
– Felgengrösse	MT 3,00 × 18		
– Felgenmaterial	Aluminium		
– Felgenverschleissgrenzen:			
Senkrecht	1 mm		
Seitlich	0,5 mm		
Antriebskette:			
– Bauart/Hersteller	50VA/DID		
– Anzahl der Kettenglieder	110 Kettenglieder		
– Kettendurchhang	15 ~ 20 mm		
Vorderrad-Scheibenbremse:			
– Bauart	Doppelte Scheibenbremse		
– Aussen-Durchmesser × Dicke	235×7,5 mm	267×5 mm	298×4 mm
– Bremsbelagstärke – Innere	5,5 mm		
‹Grenze›*	0,5 mm		
– Bremsbelagstärke –Äussere	5,5 mm		
‹Grenze›*	0,5 mm		
– Hauptbremszylinder-Innendurchmesser	15,87 mm	15,80 mm	15,80 mm

– Bremssattelzylinder-Innendurchmesser	45,4 mm	45,4 mm	32,1 mm
– Bremsflüssigkeit	DOT#3		ab 1989: DOT 4
Hinterrad-Scheibenbremse:			
– Bauart	Einfache Scheibenbremse		
– Aussen-Durchmesser × Dicke	235 × 8,5 mm	267 × 5 mm	267 × 5 mm
– Bremsbelagstärke – Innere	5,5 mm		
‹Grenze›*	0,5 mm		
– Bremsbelagstärke – Äussere	5,5 mm		
‹Grenze›*	0,5 mm		

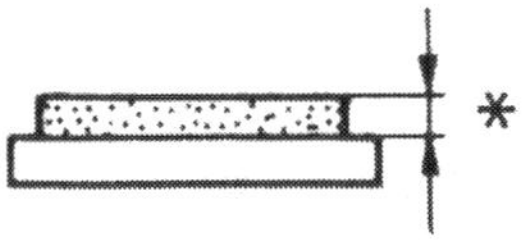

– Hauptbremszylinder-Innendurchmesser	14 mm		
– Bremssattelzylinder-Innendurchmesser	42,8 mm		
– Bremsflüssigkeit	DOT#3		ab 1989: DOT 4
Bremshebel und Bremspedal:			
– Spiel am Bremshebel	2 ~ 5 mm		
– Position des Bremspedals	35 mm (Unterhalb der Fussrastenoberfläche)		
– Spiel am Bremspedal	13 ~ 15 mm		
Kupplung:			
– Hauptkupplungszylinder-Innendurchmesser	15,87 mm		
– Ausrückzylinder-Innendurchmesser	38,1 mm		
– Kupplungshebelspiel	2 ~ 3 mm		
– Kupplungsflüssigkeit (Sorte)	DOT#3		

Elektrische Anlage

Spannung.	12 V	
Zündsystem:		
– Zündzeitpunkt (vor OT)	10° bei 1000 U/min	5° bei 1000 U/min
– Voreilzeit (vor OT)	42° bei 5000 U/min	45° bei 6500 U/min
– Zündversteller	Elektrisch, Unterdruck	

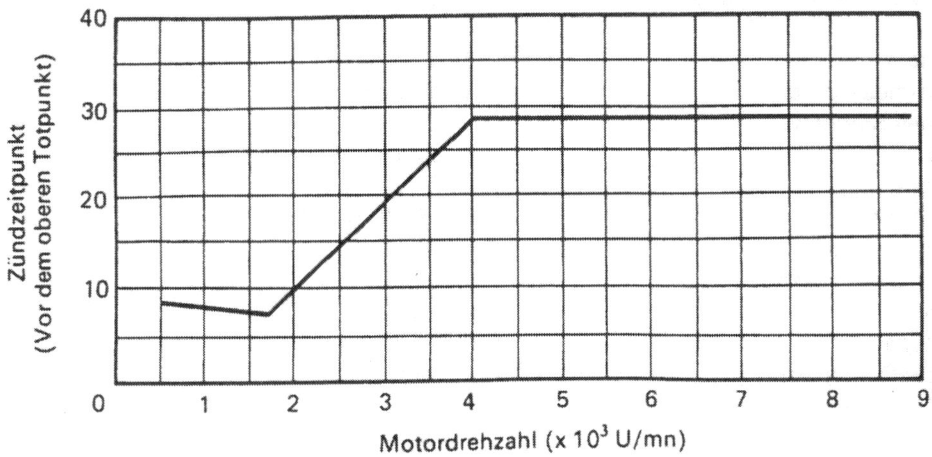

T.C.I	
– Widerstand der Aufnahmespule (Farbe)	190 Ω ± 10% bei 20° C 1987: 135 ~ 165 Ω bei 20° C (Orange – Schwarz), (Orange – Grau) 1987: (Grau – Schwarz)
– T.C.I. – Einheits-Modell/Hersteller	TID14-39/HITACHI 1987: TID 14-56 HITACHI
Zündspule:	
– Modell/Hersteller	CM12-27/HITACHI 1987 und 1989: CM12-31 HITACHI
– Widerstand der Primärwicklung	2,7 Ω ± 10% bei 20° C 1987 und 1989: 1,8 ~ 2,2 Ω bei 20° C
– Widerstand der Sekundärwicklung	9,5 kΩ ± 20% bei 20° C 1987 und 1989: 9,6 ~14,4 kΩ bei 20° C
Zündkerzenstecker:	
– Ausführung	Kunstharz
– Widerstand	10 kΩ
Ladeeinrichtung/Bauart	Wechselstromgenerator
Wechselstromgenerator:	
– Modell/Hersteller	B3G/NIPPON DENSO
– Nennausgangsleistung	12 V, 25 A bei 5000 U/min

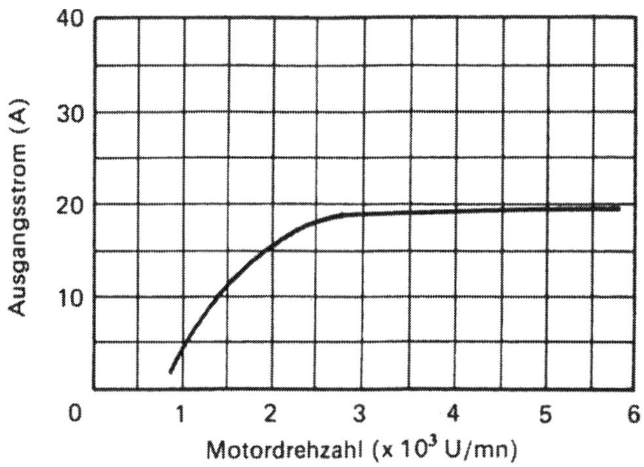

Generator komplett:		
– Widerstand der Statorspule	0,2 Ω ± 5MΩ bei 20° C	
– Feld-(Rotor)-Wicklungswiderstand	4,0 Ω ± 5% bei 20° C	
– Bürsten-Gesamtlänge	10,5 mm	
‹Grenze›	4,5 mm	
– Federdruck	230 ~ 330 g	
Spannungsregler:		
– Bauart	Feldsteuerungstyp	
– Unbelastete Regelspannung	13,5 ~ 15,3 V	14,2 ~ 14,8 V
Batterie:		
– Kapazität	12 V, 14 AH	
– Spezifisches Gewicht	1280 g/cm^c	
Elektrisches Startersystem:		
– Bauart	Konstanter Eingriff	
– Starter:		
Modell/Hersteller	SM-8/MITSUBA	
Ausgangsleistung	0,6 kW	
– Bürsten-Gesamtlänge	12,5 mm	
‹Grenze›	5,5 mm	
– Federdruck	680 ~ 920 g	
– Kollektor-Durchmesser	28 mm	
‹Verschleissgrenze›	27 mm	
Glimmer-Unterschneidung	0,5 mm	

– Starterschalter:	
Modell/Hersteller	A104-228/HITACHI 1987 und 1989: A104-128/HITACHI
– Nennstromstärke (Ampere)	100 A
– Widerstand der Spulenwicklung	4,3 Ω ± 10% 20° C 1987 und 1989: 3,9 ~ 4,7 Ω bei 20° C
Signalhorn:	
– Bauart × Anzahl	Flache Ausführung × 1
– Modell/Hersteller	CFH-12/NIKKO
– Höchststrom	2,5 A
Relais komplett:	
– Bauart	Halbleiter-Transistor
– Modell/Hersteller	FX257N/NIPPON DENSO
– Blinker-Selbstausschaltvorrichtung	Ja, Nein (für Deutschland)
– Blinkfrequenz	75 ~ 95 Zyklen/min
– Leistung	21W × 2 + 3,4 W
Selbständige Abschalteinheit:	
– (Ausgenommen für Deutschland)	
– Modell/Hersteller	FX257/NIPPON DENSO
Ölstandschalter:	
– Modell/Hersteller	4H7-00/NIPPON DENSO
Kraftstoffpumpen-Steuerung:	
– Modell/Hersteller	G8D-19Y/OMRON
Thermostat-Schalter:	
– Modell/Hersteller	47X/NIPPON Thermostat
Thermosensor:	
– Modell/Hersteller	11H/NIPPON SEIKI
Kraftstoffstandsanzeiger:	
– Modell/Hersteller	1AE/NIPPON SEIKI
– Widerstand des Kraftstoffstandgebers – Farbe	Grün – Schwarz
– Voller Tank	3 Ω ± 2 Ω bei 20° C
– Leerer Tank	110 Ω ± 7 Ω bei 20° C
Leistungsschalter:	
– Bauart	Sicherung
– Stromkreisunterbrecher × Anzahl	
Haupt (MAIN)	30 A × 1
Scheinwerfer (HEAD)	15 A × 1
Blinkleuchten (SIGNAL)	10 A × 1
Zündung (IGNITION)	10 A × 1
Lüfter (FAN)	10 A × 1
Reserve (RESERVE)	30 A × 1 15 A × 1 10 A × 1

MASS- und EINSTELL-DATEN

Anzugsmomente

Festzuziehende Teile	*Befestigungs-element*	*Gewinde-grösse*	*Stück-zahl*	*Anzugs-moment*	*Bemer-kungen*
Vorderradachse	Bolzen	M 14 × 1,5	1	58 Nm	
Vorderradachsen-Befestigungsschraube	Bolzen/Mutter	M 8 × 1,25	2	20 Nm	
Hinterradachse	Bolzen/Mutter	M 16 × 1,5	1	107 Nm	
Lenkerkrone-Gabel	Bolzen	M 8 × 1,25	2	20 Nm	
Lenkerschaft	Mutter	M 22 × 1,0	1	110 Nm	
Untere Halterung-Gabel	Bolzen/Mutter	M 8 × 1,25	4	23 Nm	
Bremssattel (vorne und hinten)	Bolzen	M 10 × 1,25	6	35 Nm	
Belüftung (Bremssattel)	Schraube	M 8 × 1,25	6	6 Nm	
Bremsschlauch (alle)	Hohlschraube	M 10 × 1,25	8	26 Nm	
Hauptzylinderhalterung	Bolzen	M 6 × 1,0	4	9 Nm	
Hauptzylinderdeckel	Schraube	M 5 × 0,8	8	2 Nm	
Antriebskettenrad	Mutter	M 10 × 1,25	6	55 Nm	Neuen Federring verwenden
Bremsscheibe	Bolzen	M 8 × 1,25	6	20 Nm	
Vordere Kotflügel-Gabel	Bolzen	M 6 ×1,0	6	9 Nm	
Lenker-Gabel	Bolzen	M 8 × 1,25	2	20 Nm	
Lenker-Lenkerkrone	Bolzen	M 6 × 1,0	2	9 Nm	
Lenkerhandgriff	Spezial	M 16 × 1,5	2	26 Nm	
Motorhalterung (vorne-oben)	Bolzen/Mutter	M 10 × 1,25	1	55 Nm	
Motorhalterung (vorne-unten)	Bolzen/Mutter	M 10 × 1,25	2	55 Nm	
Motorhalterung (hinten-oben)	Spezial	M 10 × 1,25	1	55 Nm	
Motorhalterung (hinten-unten)	Bolzen/Mutter	M 10 × 1,25	1	55 Nm	
Rahmenstrebe	Bolzen/Mutter	M 8 × 1,25	8	28 Nm	
Rahmen Drehzapfen	Bolzen/Mutter	M 14 × 1,5	1	90 Nm	
Verbindungsstange – Rahmen	Bolzen/Mutter	M 12 × 1,25	1	90 Nm	
Verbindungsstrebe – Hinterradschwinge	Bolzen/Mutter	M 12 × 1,25	2	90 Nm	
Stossdämpfer-Drehzapfen – Wellenklemmschraube	Bolzen/Mutter	M 6 × 1,0	2	9 Nm	
Stossdämpfer (oberer)	Bolzen/Mutter	M 12 × 1,25	1	42 Nm	
Fussrasten-Halterung – Rahmen	Bolzen	M 8 × 1,25	2	28 Nm	
Fussrasten-Halterung	Bolzen	M 0 × 1,25	2	42 Nm	
Schalldämpfer/Hintere Fussraste – Rahmen	Bolzen	M 10 × 1,25	2	42 Nm	
Hinterradbremsen-Hauptbremszylinder	Bolzen	M 8 × 1,25	2	20 Nm	
Vorratsgeber-Kraftstoffbehälter	Bolzen	M 5 × 0,8	4	4 Nm	
Spannhebel	Bolzen/Mutter	M 8 × 1,25	2	28 Nm	
Nockenwellendeckel	Bolzen	M 6 × 1,0	40	10 Nm	
Zylinderkopf (Auspuffrohr)	Stiftbolzen	M 6 × 1,0	8	5 Nm	
Zylinderkopf	Mutter	M 9 × 1,25	12	37 Nm	
Zündkerze	–	M 12 × 1,5	4	17,5 Nm	
Zylinderkopfdeckel	Bolzen	M 6 × 1,0	8	10 Nm	
Pleuelstangendeckel	Mutter	M 8 × 0,75	8	36 Nm	
Steuerkettenrad	Bolzen	M 7 × 1,0	4	24 Nm	
Steuerkettenspanner	Bolzen	M 6 × 1,0	2	10 Nm	
Steuerkettenspanner-Endverbindung	Bolzen	M 11 × 1,0	1	20 Nm	
Kettenschutz	Bolzen	M 6 × 1,0	2	10 Nm	
Ölpumpengehäuse	Schraube	M 6 × 1,0	1	10 Nm	
Ölpumpenhalterung	Bolzen	M 6 × 1,0	3	10 Nm	

Ölfiltergehäuse	–	M 20 × 1,5	1	15 Nm	
Ölwanne	Bolzen	M 6 × 1,0	12	10 Nm	
Ablass-Schraube	–	M 14 × 1,5	1	43 Nm	
Ölleitung 1	Union bolt	M 10 × 1,25	3	21 Nm	
Ölprallblech	Bolzen	M 6 × 1,0	1	10 Nm	
Ölstandschalter	Bolzen	M 6 × 1,0	2	10 Nm	
Auspuffrohrflansch	Mutter	M 6 × 1,0	8	10 Nm	
Schalldämpferstütze	Bolzen	M 10 × 1,25	1	25 Nm	
Schalldämpfer-Klemmschraube	Bolzen	M 8 × 12,5	5	20 Nm	
Auspuffrohr-Blindverschluss (CO-Test)	Bolzen	M 6 × 1,0	4	10 Nm	
Kurbelgehäuse (Zylinderkopf)	Shiftbolzen	M 9 × 1,25	12	10 Nm	
Hauptwellen-Lageranschlag	Abdreh	M 6 × 1,0	3	10 Nm	
Kurbelwellen-Abschlussdeckel	Schrauben	M 6 × 1,0	6	7 Nm	
Kurbelgehäusedeckel (Kupplung)	Bolzen	M 6 × 1,0	11	10 Nm	
Kurbelgehäuse	Bolzen	M 6 × 1,0	10	12 Nm	
Kurbelgehäuse	Bolzen	M 8 × 1,25	16	24 Nm	
Kurbelgehäuse	Bolzen	M 9 × 1,25	10	32 Nm	
Anlasserkupplung	Bolzen	M 8 × 1,25	3	25 Nm	Verkörnern
Anlasserkettenführung	Bolzen	M 6 × 1,0	2	10 Nm	
Kupplungsnabe	Mutter	M 20 × 1,0	1	70 Nm	Sicherungsscheibe verwenden
Kupplungsfeder	Bolzen	M 6 × 1,0	6	8 Nm	
Antriebskettenrad (Antrieb)	Mutter	M 18 × 1,0	1	70 Nm	Sicherungsscheibe verwenden
Schalttrommel-Anschlaghebel	Bolzen	M 6 × 1,0	2	10 Nm	
Schalttrommel (Neutral)	Schraube	M 5 × 0,8	1	4 Nm	
Andere Motorteile	Bolzen	M 8 × 1,25	–	20 Nm	
	Bolzen	M 6 × 1,0	–	10 Nm	
	Schrauben	M 6 × 1,0	–	7 Nm	

Farbkodierung

L	Blau
R	Rot
G	Grün
B	Schwarz
Y	Gelb
P	Rosa
W	Weiss
O	Orange
Dg	Dunkelgrün
Gy	Grau
Br	Braun
Ch	Schokolade
Sb	Himmelblau
R/W	Rot/Weiss
R/Y	Rot/Gelb
R/G	Rot/Grün
L/R	Blau/Rot
L/W	Blau/Weiss
L/B	Blau/Schwarz
L/Y	Blau/Gelb
W/G	Weiss/Grün
Y/R	Gelb /Rot
B/R	Schwarz/Rot
B/Y	Schwarz/Gelb
B/W	Schwarz/Weiss
G/Y	Grün/Gelb
G/R	Grün/Rot
Br/W	Braun/Weiss

1 Kupplungsschalter
2 Blinklichtschalter
3 Signalhornschalter «HORN»
4 Scheinwerferschalterknopf «PASS»
5 Lichtschalter «DIMMER»
6 Blinklicht vorne (Links)
7 Zusatzlampe
8 Scheinwerfer
9 Kraftstoffmesser
10 Temperaturanzeige
11 Tachometer
12 Blinkleuchte-Kontrollampe «TURN»
13 Instrumentenbeleuchtung
14 Zungenschalter
15 Fernlicht-Kontrollampe «HIGH-BEAM»
16 Leerlauf-Kontrollampe «NEUTRAL»
17 Ölstand-Kontrollampe «OIL LEVEL»
18 Reserveschalter
19 Blinklicht vorne (Rechts)
20 Signalhorn
21 Hauptschalter
22 Vorderrad-Bremslichtschalter
23 Motorstoppschalter auf
24 Starterschalter
25 Lichtschalter
26 Masse
27 Gebläse
28 Thermoeinheit
29 Thermoschalter
30 Zündung
31 Bremslichtschalter
32 Sicherung
33 Pumpenrelais
34 Starter
35 Relaisschalter
36 Batterie
37 Zulassungsschildleuchte
38 Schluss-/Bremsleuchte
39 Blinkleuchte (Rechts)
40 Blinkleuchte (Links)
41 Geber
42 Diode
43 Blinkerrelais
44 Ölstandschalter
45 Leerlaufkontrolle
46 Kraftstoffpumpe
47 Drehstrom-Generator
48 Zündgeber-Pickup
49 Zündkerze
50 Zündspule
51 Widerstand

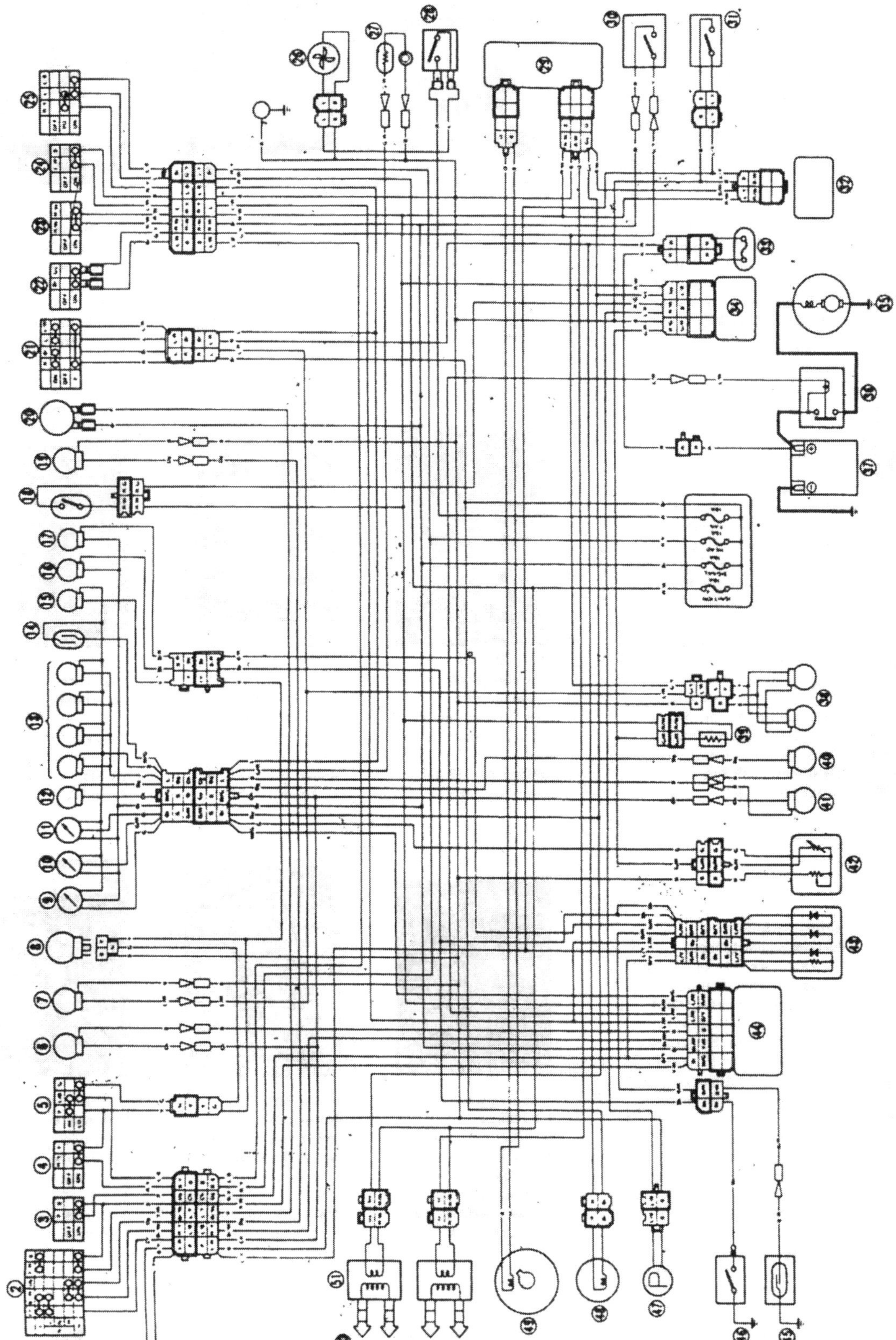

FSC
www.fsc.org
MIX
Papier | Fördert gute Waldnutzung
FSC® C083411

Kolibri 360 GmbH
Ferdinand-Jühlke-Straße 7
99095 Erfurt, Deutschland
produktsicherheit@kolibri360.de

Druck:
CPI Druckdienstleistungen GmbH
im Auftrag der
Kolibri 360 GmbH
Ferdinand-Jühlke-Str. 7
99095 Erfurt